国家林业和草原局研究生教育"十三五"规划教材

高级森林生态学研究方法

王邵军　宋娅丽　主编

中国林业出版社

图书在版编目(CIP)数据

高级森林生态学研究方法 / 王邵军，宋娅丽主编. —北京：中国林业出版社，2021.9
国家林业和草原局研究生教育"十三五"规划教材
ISBN 978-7-5219-1367-5

Ⅰ.①高⋯　Ⅱ.①王⋯　②宋⋯　Ⅲ.①森林生态学–研究生–教材　Ⅳ.①S718.5

中国版本图书馆 CIP 数据核字(2021)第 194239 号

国家林业和草原局研究生教育"十三五"规划教材

责任编辑：范立鹏	责任校对：苏　梅
电　　话：(010)83143626	传　　真：(010)83143516

出版发行　中国林业出版社(100009　北京市西城区德内大街刘海胡同 7 号)
　　　　　E-mail:jiaocaipublic@163.com
　　　　　http://www.forestry.gov.cn/lycb.html
经　　销　新华书店
印　　刷　北京中科印刷有限公司
版　　次　2021 年 9 月第 1 版
印　　次　2021 年 9 月第 1 次印刷
开　　本　850mm×1168mm　1/16
印　　张　7.75
字　　数　184 千字
定　　价　36.00 元

未经许可，不得以任何方式复制或抄袭本书之部分或全部内容。
版权所有　侵权必究

《高级森林生态学研究方法》编写人员

主　　编　王邵军　宋娅丽
副 主 编　姚　平
编写人员　（按姓氏笔画排序）
　　　　　　王邵军　齐丹卉　杨桂英　宋娅丽
　　　　　　陆　梅　姚　平　涂　璟　曹子林
　　　　　　廖周瑜　熊好琴

前 言

自 20 世纪后半叶以来，人类活动导致的全球变化驱动陆地生态系统结构与功能的大尺度变化，同时全球变化已超越科学研究领域，成为影响当今世界发展的重大政治、经济和外交问题。森林作为陆地生态系统的重要组成部分，全球变化将显著改变森林生态系统的物质与能量平衡过程，并驱动森林生物个体、种群、群落、生态系统等不同水平与尺度上的生态学过程。

全球变化促进了森林生态学研究向宏观与微观纵深的迅猛发展，高级森林生态学是研究全球变化加剧背景下森林生物与森林环境之间相互作用关系的学科，是生态学的一个重要分支。全球变化加剧背景下高级森林生态学的研究对象与内容比较复杂，研究方法和涉及的学科较多，"高级森林生态学研究方法"一直是制约全球变化背景下我国高等院校生态学教育发展的难点之一。加强"高级森林生态学研究方法"课程建设与教材编写，对于全面提高我国生态学教育水平具有重要的意义。在多年从事森林生态学教学理论与实践的基础上，我们尝试编写了这本教材，目的在于通过生态学研究方法的介绍，加深学生对高级森林生态学基础知识和基本理论的理解，学习研究森林生态学问题并掌握相关研究方法，并为学生自主学习和研究提供指南，促进学生在研究过程中获取知识、发展技能、培养能力，特别是创新能力。

全书共分 6 章：第 1 章高级森林生态学研究方法概述由宋娅丽和涂璟编写，重点阐述高级森林生态学研究的基本方法，介绍如何进行生态学研究的文献收集、实验研究设计调查与采样、数据处理与分析，以及研究报告撰写等方法。第 2 章森林与环境研究方法，由姚平编写，介绍森林中环境因子的测定方法，包括大气太阳辐射、光照强度、日照时数、大气降水、林冠截留、树干茎流、空气温湿度、土壤温度、土壤水分、pH 值、有机质、植物光饱和点、补偿点等实验研究方法。第 3 章森林种群生态学研究方法，由王邵军、曹子林、陆梅和廖周瑜编写，主要介绍森林种群数量特征、空间分布格局、年龄结构、生命表、存活曲线、增长动态等研究方法。第 4 章森林群落生态学研究方法，由王邵军、杨桂英、齐丹卉、熊好琴编写，介绍了森林群落种类组成调查、结构调查、物种多样性、相似性与聚类测定、群落分类与排序等研究方法。第 5 章森林生态系统生态学研究方法，由宋娅丽编写，介绍了森林生态系统中植物初级生产量、凋落物分解速率、土壤有机碳氮储量、土壤碳氮矿化速率、土壤硝化与反硝化速率等研究方法。第 6 章森林与全球变化生态学研究方法，由宋娅丽编写，内容涉及森林土壤 CO_2、N_2O、CH_4 排放速率的研究方法。

在研究内容的选择上，本书侧重介绍森林的能量与物质环境、种群数量特征及种群动态、群落组成结构及动态、生态系统结构、养分循环及土壤生态学过程的定量分析，原理与方法并重，野外与室内研究结合，传统调查方法与现代定量分析技术交融。同时，教学内容具有较高的可拓展性，大多数研究均可进一步展开，成为学生研究的课题，为培养学生的科研创新能力提供了基础支撑。

本书系多位作者合力编写而成，各章研究方法的编写体例可能存在一定差异，但大致框架基本相同，一般包括如下几个部分：研究目的、研究原理、实验器材、研究步骤、结果与分析、注意事项、思考与练习。

本书虽然是一本关于研究方法的教材，但作者认为结合各个实验研究内容为学生提供一些相关研究领域的透视材料，有助于学生了解生态学研究问题的背景和进展，每个实验研究方法都经过教学实践的验证，其有很强的可操作性。本书一般原理部分在每个研究方法中均占有比较重要的地位，一些研究方法还要求学生依据一般原理自主设计具体研究内容和步骤。研究对象涉及植物、大气、土壤、水文等，在强调微观与宏观、室内与室外实验相结合的研究方法的基础上，还注重培养学生运用生态学的观点观察和思考问题的能力。一些研究方法设有研究举例部分，以帮助学生了解生态学研究方法和原理在森林生态学研究领域中的应用，扩大学生的研究视野。由于参考文献较多，本教材仅列出了主要的参考文献。

本书的出版由云南省研究生高级森林生态学优质课程建设项目及西南林业大学人才引进项目资助，中国林业出版社对本书出版给予了巨大的支持，在此表示诚挚的感谢。

森林生态学研究的发展日新月异，相关研究原理、方法及手段发展迅猛。虽然编写过程中编者已尽心竭力，但由于认识水平有限，书中难免存在不妥之处，恳请使用本书的广大读者提出宝贵意见，以便再版时修改。

编　者
2021 年 7 月

目 录

前言

第1章　高级森林生态学研究方法概述 (1)
  1.1　森林生态学研究的基本属性 (1)
  1.2　森林生态学研究的基本方法 (3)
  1.3　森林生态学实验研究的文献收集 (6)
  1.4　森林生态学实验研究的设计 (10)
  1.5　森林生态学研究调查与采样 (15)
  1.6　森林生态学研究数据处理与分析 (24)
  1.7　森林生态学研究报告撰写 (31)
  思考与练习 (32)

第2章　森林与环境研究方法 (33)
  2.1　林内太阳辐射、光照强度及日照时数测定 (33)
  2.2　大气降水、林冠截留与树干茎流测定 (38)
  2.3　林内空气温湿度和土壤温度测定 (42)
  2.4　土壤水分、pH值及有机质测定 (45)
  2.5　森林植物光饱和点和补偿点测定 (51)
  2.6　植物有效积温测定 (54)
  2.7　植物光周期测定 (55)
  思考与练习 (57)

第3章　森林种群生态学研究方法 (58)
  3.1　基于模拟实验的"标记重捕法"种群数量测定 (58)
  3.2　种群密度与频度测定 (59)
  3.3　种群空间分布格局测定 (61)
  3.4　种群年龄结构测定 (63)
  3.5　种群生命表编制 (64)
  3.6　种群存活曲线绘制 (66)
  3.7　种群逻辑斯谛增长研究 (68)
  3.8　植物种群密度效应实验 (70)
  思考与练习 (72)

第4章　森林群落生态学研究方法 ……………………………………………………… (73)
4.1　森林群落种类组成调查 …………………………………………………………… (73)
4.2　森林群落成员型及结构调查测定 …………………………………………………… (75)
4.3　森林群落生活型谱测定 …………………………………………………………… (78)
4.4　森林群落物种多样性测定 ………………………………………………………… (79)
4.5　森林群落相似性与聚类测定 ………………………………………………………… (80)
4.6　森林群落分类与排序 ……………………………………………………………… (82)
思考与练习 ……………………………………………………………………………… (83)

第5章　森林生态系统生态学研究方法 …………………………………………………… (84)
5.1　植物初级生产量测定 ……………………………………………………………… (84)
5.2　植物凋落物分解速率及碳氮养分释放测定 ………………………………………… (86)
5.3　森林土壤有机碳储量测定 ………………………………………………………… (87)
5.4　森林土壤氮储量测定 ……………………………………………………………… (90)
5.5　森林土壤碳矿化速率测定 ………………………………………………………… (92)
5.6　森林土壤氮矿化速率测定 ………………………………………………………… (94)
5.7　森林土壤硝化与反硝化速率测定 …………………………………………………… (97)
思考与练习 ……………………………………………………………………………… (98)

第6章　森林与全球变化生态学研究方法 ………………………………………………… (99)
6.1　森林土壤 CO_2 排放速率测定 ……………………………………………………… (99)
6.2　森林土壤 N_2O 排放速率测定 ……………………………………………………… (102)
6.3　森林土壤 CH_4 排放速率测定 ……………………………………………………… (103)
思考题 …………………………………………………………………………………… (105)

参考文献 …………………………………………………………………………………… (106)
附　录 ……………………………………………………………………………………… (108)
附录1　森林生态学中常用法定计量单位的表达式 ……………………………………… (108)
附录2　土壤标准筛孔对照 …………………………………………………………… (109)
附录3　常用浓酸碱的浓度(近似值) …………………………………………………… (110)
附录4　常用标准试剂的处理方法 ……………………………………………………… (110)
附录5　标准酸碱溶液的配置和标定方法 ……………………………………………… (110)
附录6　常用仪器及型号 ……………………………………………………………… (113)

第1章 高级森林生态学研究方法概述

高级森林生态学研究方法是探索全球变化与森林生态系统之间相互反馈作用过程及调控机制的重要途径。本章旨在培养学生森林生态学研究的基本方法与技能，强化"高级森林生态学研究方法"的学科属性、基本规律、文献收集、实验设计、调查与采样、数据处理与分析等方面的基础理论知识及研究技能。

1.1 森林生态学研究的基本属性

生态学是研究有机体与其周围环境（包括非生物环境和生物环境）相互关系的科学，而森林生态学是把森林看作一个生物群落，研究构成这个群落的各种树木与其他生物之间以及这些生物和它们所在的外界环境之间的相互关系的一门科学。了解生态学学科属性、生态学研究层次及生态学的实验研究科学属性，是掌握森林生态学研究方法提供前提条件。

1.1.1 森林生态学学科属性

（1）森林生态学基本概念

生态学（ecology）一词来源于希腊语，eco-表示住所或栖息地（habitat），logos表示学问。就字面而言，生态学是研究生物栖息环境的科学。

由于研究背景和研究对象的不同，不同学者对生态学提出了不同的定义。一般认为 E. Haeckel 海格尔（海克尔）的定义是最经典的，即"生态学是研究生物与环境之间相互关系的科学"。也可表述为：生态学是研究生物与生物，以及生物与环境之间相互关系的科学。森林生态学是研究森林生物与森林环境相互关系的学科。

（2）森林生态学研究对象

按现代生物学的组织层次来划分，森林生态学的研究对象为：基因、细胞、器官、有机体、种群、群落、生态系统等。

按生物类群来划分，森林生态学的研究对象为：植物、微生物、昆虫、鱼类、鸟类、兽类等单一的生物类群。

1.1.2 森林生态学研究层次

(1) 分子生态学

分子生态学(molecular ecology)是运用分子进化和群体遗传学理论及分子生物学技术手段去研究生物种群及其进化规律的一门分支科学。分子生态学的热点是研究生物种群空间分布差异的分子基础和生活史类型的分子生态学机制，以及生态进化和生态适应的分子机理和在逆境条件下生物在分子水平上的反应及其调控机理。

(2) 个体生态学

个体生态学(autecology)是以个体生物为研究对象研究个体生物与环境之间关系的一门分支科学。它主要研究环境因子(光、温度、水分、大气、土壤、生物及火等)对生物的生态作用，同时研究生物对环境适应与改造机制。

(3) 种群生态学

种群生态学(population ecology)是研究生物种群在自然或人工条件下种群密度、种群动态及其自我调节规律、种群动态过程对个体生长发育的影响及环境因子影响等的一门分支科学。主要研究种群的基本特征(如空间分布、密度、繁殖能力、年龄结构等)、增长规律、动态、种间关系、种群适应对策和进化。

(4) 群落生态学

群落生态学(community ecology)是研究群落与环境相互关系的科学，是生态学的一个重要分支学科。主要研究内容包括：一是静态方面，如研究(森林)群落的组成、结构、数量、外貌特征的描述，以及(森林)群落类型、地理分布等；二是动态方面，研究(森林)群落由于空间和时间的变化，由一种类型演变为另一种类型的原因和规律性，着重(森林)群落的发生、形成和发展的规律。

(5) 生态系统生态学

生态系统生态学(ecosystem ecology)是研究一定空间内生物群落与其生态环境之间不断物质循环和能量流动过程的一门分支科学。生态系统生态学主要研究生态系统组成结构、物质循环和能量流动、生物多样性与生态系统功能以及全球变化和人类活动对生态系统的影响等方面系统研究。

(6) 景观生态学

景观生态学(landscape ecology)是以一定空间单元内多个镶嵌的聚合生态系统为对象，研究其结构、功能与演化过程的生态学的一门分支。景观生态学主要以人类活动对景观的生态影响为研究重点，通过自然科学与人文科学的交叉，研究景观单元内生态系统的空间格局、相互作用及生态过程，并围绕建造宜人景观这一目标，进行景观管理、景观规划和景观设计的研究。

(7) 区域生态学

区域生态学(region ecology)是以不同尺度的地域为对象，研究其社会、经济、自然发展的协调程度及其调控机理与实践的一门新的分支学科领域。区域生态学主要内容包括概念和内涵、研究尺度和单元、研究范畴及学科特点和未来发展趋势。

(8) 全球生态学

全球生态学(global ecology)是指研究整个地球生态问题的生态学，又称生物圈生态学。不仅涉及大气圈、水圈(包括海洋)、生物圈和岩石圈,还涉及工业与能源管理,森林砍伐和种植等社会经济问题。全球生态学在时间尺度上与气象学、古生物学、古地质学、冰川学等学科相结合,在更大的时间尺度上研究生物与环境的相互作用及其对演化的历史进行回溯,同时对未来环境的变化进行预测。

1.1.3 森林生态学的研究科学属性

科学的进步与研究方法和技术设备的创新与发展息息相关。在传统的生态学研究中,生态学侧重于研究对象的描述,所采用的研究方法(如直观描述、调查分析、数理统计、单项实验等)都很简单。20世纪40年代,R. Brcher(1934)在《生态学野外研究》一书中介绍了"一只生态学工具箱",小小的工具箱中的设备就是当时生态学计量的全部仪器。因此,长期以来,生态学被人们误认为是一门描述性的、近似于思维方法论和社会科学的一门学科。特别是近十几年来,随着生态学向经济学科和人文社会学科的渗透,使人们感觉到生态学似乎越来越偏离自然科学,而向社会科学靠近了。

然而,森林生态学来源于生物学,其研究对象是森林生物与森林环境的相互关系。它始终围绕着生物与环境之间的物质循环、能量流动、信息传递(乃至资金流动)开展研究,就必然要与生物学实验研究、环境学实验研究、物理与化学实验研究等打交道,就需要通过实地观测与调查研究,获取实验研究数据来认识和回答各种生态学过程及其内在机理。因此,从总体上讲,生态学必然是一门实验研究科学,它的天然实验研究室就是自然界(或人类社会)。

由于森林生态学的特殊学科属性,生态学研究具有以下特点:①生态学是一门与空间、时间相关的科学,因此,其研究必然涉及空间位置与时间的测定,与地理学密切相关;②生态学是研究生物与环境相互关系的科学,其研究必然涉及生物学与环境学;③生态学的综合性与系统性,决定了其研究必然是多元化的,并与其他学科具有交叉渗透性;④生态学的不同尺度,决定了其不同研究方法的巨大差异性,如宏观生态学研究方法和微观生态学研究方法随着科学的发展和研究技术手段的进步,现代生态学的研究领域日益拓展,研究手段与方法不断更新。在现代生态学研究中,已广泛使用野外自计电子设备(测定植物光合速率、呼吸速率、蒸腾速率、水分状况、叶面积指数、生物量、植物根系及微环境、气象气候要素等)、同位素示踪(测定物质转移与物质循环等)、稳定性同位素(用于分析生物进化、物质循环、全球变化等)、"3S"技术、计算机、信息与网络技术(用于生态环境要素的时空定量、定位、动态监测、调查与信息管理、决策等)、生态建模技术(如从生理生态过程、斑块、种群、生态系统、景观到全球)以及实验室内的现代仪器分析技术(如 GC、MS、GC-MS、HPC、ICP、核磁共振技术、显微镜技术、分子生物学技术等),推动了现代生态学的发展,使生态学从传统的定性或半定量研究日益走向定量化和精确化研究。

1.2 森林生态学研究的基本方法

由于人类活动干扰与破坏,带来了许多全球生态环境问题,迫切需要我们运用生态学原理与方法来调整人与自然、人与资源、人与环境之间的关系,促进经济及社会的可持续发展。因此，采取什么样的研究方法，来描述、解释及探究生态学问题，是生态学和森林生态学的重要内容。

1.2.1 森林生态学研究的基本过程

科学研究探究的一般过程：提出问题、作出假设、制定计划、实施计划、得出结论、表达和交流(图 1-1)。

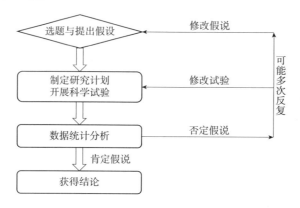

图 1-1 科学研究的基本过程

探究的一般过程是从发现问题、提出问题开始的；发现问题后，根据自己知识和生活经验对问题的答案作出假设；设计探究的方案，包括选择材料、设计方法步骤等；按照探究方案进行探究，得到结果，再分析所得的结果与假设是否相符，从而得出结论；并不是所有的问题都一次探究得到正确的结论。有时，由于探究的方法不够完善，也可能得出错误的结论。因此，在得出结论后，还需要对整个探究过程进行反思。

1.2.2 森林生态学研究方法的基本类型

根据森林生态学研究对象的多样性和复杂性，对森林生态学现象和生态学规律的研究，不仅要通过野外的观测和实地调查研究，而且还需要通过严格的控制实验来模拟自然的生态过程与内在规律。根据森林生态学研究的不同需要，可以分为野外原地观测研究、控制实验研究，以及生态学综合研究方法三大类型。

(1) 野外原地观测

森林生态学的一个重要研究方法就是野外观测。野外观测是指在自然森林原生境中，对生物与环境关系进行观察，以获得生物与环境相互作用的基本特征或规律。目前，遥感技术是一种比较有潜力的宏观观测手段，拓展了人类感知的尺度和范围。野外观测一般采用野外考察及定位观测的研究方法。

①野外考察：野外考察主要考察特定种群或群落与自然地理环境的时空分异关系。例如，植物学家采用野外考察方法研究植物群落的分布、动态变化及其与环境关系，野外考察是森林植物研究的主要研究方法。

②定位观测：定位观测是在一定时空尺度上考察个体、种群、群落、生态系统的结构和功能及其与其环境之间关系。一般是通过设立供长期观测的固定样地，来进行

定位研究。例如，云南玉溪森林生态系统国家定位观测站，就是通过对固定样地的大气、植物、微生物、动物及土壤生态学过程进行长期定位观测研究，以掌握森林结构与功能的动态及其对人类活动、全球变化的响应。

(2) 实验研究

森林生态学另一种研究方法就是实验研究。根据其对研究因子的控制程度，一般划分为原地实验和控制实验研究两类。

①原地实验研究：原地实验研究是指在自然与半自然条件下，采取物理、化学、分子生物等研究手段，研究某些因子的变化对森林生物或环境的影响。例如，在森林野外样地中，通过排除凋落物与不排除凋落物的对比研究，来研究凋落物输入对土壤CO_2排放时空动态的影响。

②控制实验研究：控制实验研究是模拟自然生态系统，进行控制研究，研究单项或多项因子相互作用对森林种群、群落或生态系统的影响。其中"微宇宙"是一种广泛采用的控制实验研究方法。它是利用模拟方法，在人工气候室或静态箱中建立自然森林生态系统的模拟系统。在光、温、风、水、营养等因素完全可控的条件中，通过改变某一因素或几个因素，以探明森林生物个体、种群、群落及生态系统结构及功能变化的原因及其调控机理。

(3) 综合研究方法

森林生态学另一类重要的研究方法就是综合研究方法。主要是结合数理统计、模型及模拟等方法，归纳分析野外观测或实验研究的资料与数据，以阐明各变量之间的生态关系及其作用规律。主要步骤与方法包括：

①资料的归纳和分析：首先对实验研究数据进行规范化处理，目的是消除指标之间的量纲和取值范围差异，进行标准化处理，将数据按比例缩放，然后应用多元统计方法进行分析。

②数值分类和排序：数值分类和排序是确定种群之间、群落之间、生物与环境之间关系的一种数学抽象方法。主要根据数据所反映的相似关系进行分组，对植物或环境因子进行分类与排序，找出物种之间、植被之间或植被与环境之间的相互关系。

③生态模型和模拟：重点对森林生态系统中种群或群落行为的时空变化进行数学概括，即通过建立生态模型与计算机模拟，最终获得生物与生物、生物与环境之间相互作用的长期动态信息，指导森林生态系统的监测、评价与管理。

总之，森林生态学研究是基于野外观测和实验研究，获得生物与环境的基础资料和数据，并通过统计、分析、分类、排序、模型与模拟，来描述生态学问题的轮廓、提出解决生态学问题的具体方向与途径。

1.2.3 森林生态学研究的基本手段

(1) 研究层次发展

现代生态学发展的一个方向是向区域性、全球性乃至宇宙性方面发展，研究对象在宏观方向上已扩展到生态系统、景观与生物圈。

现代生态学在向宏观方向发展的同时，在微观方向上也取得了不少进展，这是生态学与分子生物学、分子遗传学、生理学、微形态解剖学的结合，这类研究将依靠更加精密的仪器，如高倍电镜、中子探针、紫外荧光、核磁共振等手段，精细地观测器官内部、细胞内部的结构变化。

(2) 研究手段的更新

科学的发展与方法和技术有关。在传统生态学的研究中，着重是对研究对象的描述，方法、仪器都很简单。

在现代生态学研究中已广泛使用野外自计电子仪器(测定植物光合速率、呼吸速率、蒸腾速率、水分状况、叶面积指数、生物量及微环境等)，同位素示踪(测定物质转移与物质循环等)，稳定性同位素(用于研究生物进化、物质循环、全球变化研究等)，遥感与地理信息系统(用于时空现象的定量、定位与监测)，生态建模(从生态生理过程、斑块、种群、生态系统、景观到全球)等技术。

近 20 年来，电子计算机的迅速发展与应用，解决了因生态系统中各变量之间的非线性关系给分析求解带来的困难，从而促进了生态系统建模与系统生态学的发展。

(3) 研究范围的扩展

经典生态学以研究自然现象为主，很少涉及人类社会。随着人类活动强度的激增和范围的日趋广阔，人与自然界的协调关系问题日趋严峻，怎样使人与自然、人类在发展经济和保护自身生存环境之间得到协调和持续发展，已成为当代各国政府指导有关发展和建设决策的理论依据。

森林与全球气候变化，森林与环境污染、森林与减灾防灾、森林与林业生态建设是生态学研究的热点领域。应用生态学的迅速发展是 20 世纪 70 年代以来生态学的一个重要发展趋势，其方向之多、涉及领域和部门之广，使人感到难以给予划定范围和界限。生态学进一步与农、林、牧、渔各业生产更加密切结合起来，并发展为生态工程和生态系统工程，如 Mitsch(1989)等的《生态工程》等。

1.3 森林生态学实验研究的文献收集

在进行森林生态学研究过程中，需要检索相关文献。如要开展森林生态系统中云南松林碳储量的调查，首先要通过查文献了解云南松林的分布特征、调查区域内的物理环境、前人在相关领域对云南松林做过何种研究等，在此基础上才有可能制定合理的研究计划。文献检索(information retrieval)是根据科学研究的需要获取文献的过程，是科学研究工作中极为重要的步骤，贯穿研究的整个过程。检索文献要求通过经常性的实践，逐步掌握文献检索的规律，从而迅速、准确地获得所需文献，这将有助于学习和研究工作。

1.3.1 文献收集的目的

①通过科学的检索方法，掌握如何检索文献。
②通过检索相关研究领域文献，初步理解如何在检索文献的基础上制定合理的研究计划。

1.3.2 文献等级分类

文献按其内容性质一般可分为零次文献、一次文献、二次文献和三次文献。

①零次文献：指未经正式发表或未形成正规载体的一种文献形式。如书信、手稿、会议记录、笔记等。零次文献在原始文献的保存、原始数据的核对、原始构思的核定（权利人）等方面有着重要的作用。特点是客观性、零散性、不成熟性。一般是通过口头交谈、参观展览、参加报告会等途径获取，不仅在内容上有一定的价值，而且能弥补一般公开文献从信息的客观形成到公开传播之间费时甚多的弊病。

②一次文献：即原始文献，是情报学中的一种主要文献，指以作者本人的工作经验、观察或者实际研究成果为依据而创作的具有一定发明创造和一定新见解的原始文献，如期刊论文、专利文献、科技报告、会议录、学位论文等出版物和非出版物。这种文献是我们进行研究的第一手资料，进行文献查询时，通常要获得原始文献才能把问题彻底搞清楚。

③二次文献：又称二级文献，是对一次文献进行加工整理后的产物，即对无序的一次文献的外部特征如题名、作者、出处等进行著录，或将其内容压缩成简介、提要或文摘，并按照一定的学科或专业加以有序化而形成的文献形式，如文摘、索引、书目以及类似内容的各种数据库等，具有报告性、汇编性和简明性的特点。二次文献可用作文献检索工具，这种文献是十分重要的检索工具，能比较全面、系统地反映某个学科、专业或专题在一定时空范围内的文献线索，是积累、报道和检索文献资料的有效手段，对了解本领域的研究进展非常有帮助。

④三次文献：也称三级文献，是选用大量有关的文献，经过综合、分析、研究而编写出来的文献。它通常是围绕某个专题，利用二次文献检索搜集大量相关文献，对其内容进行深度加工而成，是对现有成果加以评论、综述并预测其发展趋势的文献，属于这类文献的有综述、述评、进展、动态等，在文献调研中，可以充分利用这类文献，在短时间内了解所研究课题的研究历史、发展动态、水平等，以便能更准确地掌握课题的技术背景。

1.3.3 文献检索

文献检索是指根据学习和工作的需要获取文献的过程。文献检索可大体分为利用计算机和互联网的电子文献检索和直接利用图书馆的传统手工检索。随着现代网络技术的发展，文献检索更多是通过计算机技术来完成。狭义的检索（retrieval）是指依据一定的方法，从已经组织好的大量有关文献集合中，查找并获取特定的相关文献的过程；广义的检索包括信息的存储和检索两个过程（storage and retrieval）。信息存储是将大量无序的信息集中起来，根据信息源的外表特征和内容特征，经过整理、分类、浓缩、标引等处理，使其系统化、有序化，并按一定的技术要求建成一个具有检索功能的数据库或检索系统，供人们检索和利用。而检索是指运用编制好的检索工具或检索系统，查找出满足用户要求的特定信息。

如果是查找某论文或书籍后面的参考文献，因有关该文献的信息很完整（如题目、作者发表时间、杂志、卷、期和页等），可依照网络或图书馆的提示直接找到原文。但很多情况下，我们需要查找的文献信息并不完整，如想找某一研究领域最近几年的文献，或某一领域某位著名学者的论文，这时我们一般需要用二级文献提供的检索资料。常用的检索途径主要有以下几种：

①分类途径：按学科分类体系来检索文献，把文献的名称按照学科自身的体系组织起来的检索系统，主要是利用分类目录和分类索引，比较适合对某一特定学科中特定类别文献的查找。

②主题或关键词途径：通过反映文献资料内容的主题词来检索文献。该种方法可为用户提供较为宽阔的检索途径，特别在电子文献检索时，利用搜索引擎，按照关键词去查找特定的文献，便于读者对某一问题、某一事物和对象作全面系统的专题性研究，其效益更加明显。

③作者途径：将文献的作者按照一定的排检方法组织起来形成的检索系统。许多检索系统备有著者索引、机构(机构著者或著者所在机构)索引，专利文献检索系统有专利权人索引，利用这些索引从著者、编者、译者、专利权人的姓名或机关团体名称进行检索，比较适合对于某一特定作者所著文献的查找。

④书名或篇名途径：是将文献名称按照一定的排检方法组织起来形成的检索系统。一些检索系统中提供按题名字检索的途径，如书名目录和刊名目录，只要知道文献的名称，就可找到原始文献。

⑤引文途径：文献所附参考文献或引用文献，是文献的外表特征之一。利用这种引文而编制的索引系统，称为引文索引系统，它提供从被引论文检索引用论文的一种途径，称为引文途径。

⑥专门项目途径：从文献信息所包含的或有关的名词术语、地名、人名、机构名、商品名、生物属名、年代等的特定顺序进行检索，可以解决某些特别的问题。

1.3.3.1 手工检索

在计算机网络不发达的时代或地区，查阅文献的途径就是充分利用周围的图书馆资源。根据《中国图书馆分类法》(原称《中国图书馆图书分类法》)，找到所需图书的大类及子小类，从而找出摆放所需生态学书籍或杂志的区域，直接翻阅。虽然费力、费时，但对初次进入生态学研究领域或拟开展生态学相关工作的入门者来说，常常会有意外的收获。一些较经典的或有代表性的生态学相关书籍、杂志及文献检索用工具书如下：

(1) 教科书(Textbook)

Begon M, Harper J L, Townsend C R, 2000. Ecology: individuals, populations and communities[M]. 3rd ed. Sunderland: Sinauer Associates.

Chapin F S, Matson P A, Mooney H A, 2002. Principles of terrestrial ecosystem ecology[M]. New York: Springer.

Kreds C J, 2009. Ecology: the experimental analysis of distribution and abundance [M]. 6th ed. Pearson Addition Wesley.

Mackenzie A, Ball A S, Virdee S R, 1998. Instant notes in ecology[M]. New York: Springer-Verlag.

Molles M C, 2009. Ecology: concepts and applications [M]. 5nd ed. Dubuque: McGraw-Hill.

Sala O E, Jackson R B, Mooney H A, 2000. Howarth R W. Methods in Ecosystem Science[M], Springer-Verlag New York, Inc.

Smith R L, Smith T M, 2000. Ecology and field biology [M]. 6th ed. Benjamin

Cummings.

孙儒泳，李庆芬，牛翠娟，2002. 基础生态学[M]. 北京：高等教育出版社.

孙儒泳，2000. 生态学[M]. 北京：高等教育出版社.

方精云，2000. 全球生态-气候变化与生态响应[M]. 北京：高等教育出版社.

孙儒泳，李博，诸葛阳，1993. 普通生态学[M]. 北京：高等教育出版社.

李静雯，1999. 森林生态学[M]. 2版. 北京：中国林业出版社.

（2）期刊（Journal）

Ecology Letters：Wiley-Blackwell Publishing

Ecology：Ecological Society of America Publications（publishes research and synthesis papers on all aspects of ecology）

Ecological Monographs：Ecological Society of America Publications（provide an outlet for longer papers similar to articles otherwise published in ecology）

Perspectives in Plant Ecology Evolution and Systematic：Elsevier Science（provides a platform for reviews and longer research articles in the fields of ecology, evolution and systematics of plants）

Methods in Ecology and Evolution：John Wiley and Sons Inc.

Trends in Ecology & Evolution：Elsevier Science

《生态学报》：中国科学技术协会主管，中国生态学学会、中国科学院生态环境研究中心主办。

《生物多样性》：中国科学院生物多样性委员会、中国植物学会、中国科学院植物研究所、中国科学院动物研究所、中国科学院微生物研究所主办。

《应用生态学报》：中国科学院主管，中国生态学学会、中国科学院沈阳应用生态研究所主办。

（3）文献检索用工具书

Biological Abstract（*BA*）

Ecological Abstracts

Current Advances in Ecological Sciences

如果研究方向和需要查询的问题很明确，可利用图书馆的文件检索工具书（如著名的 *Biological Abstracts*）或光盘数据库，通过分类主题、关键词或作者检索等检索方式获得所需资料。还有一种常用且方便的方法是通过研究论文或者书籍后面所附的参考文献获得所需的参考资料；如果你搜索到一篇本研究领域近年的综述性文章，可通过研读综述，获得更多有价值的研究论文。如果只能看到文献摘要而查不到原文，按文摘中提供的作者单位或电子邮箱地址直接向作者发邮件索取也是一种好办法。

随着网络的普及，目前最方便和最受欢迎的检索方法是电子文献检索，但在查找文献全文特别是早期的文献时，很多时候还是要到图书馆，利用传统的手工检索来查阅文献。

1.3.3.2 电子检索

计算机以其强大的数据处理和存储能力成为当今最为理想的信息检索工具。随着网络的普及和发展，出现了许多方便查询的数据库和网站，在各大高校、科研院所均可免费检索数据库，可供查看全文的电子书库、电子杂志也越来越多，电子文献检索已成为广泛使用的文献检索手段。点击大学图书馆官网→数据库→电子图书或电子期刊，均能查到相关资料。大多大学及科研院所图书馆均有丰富的电子文献资料收藏。以下推荐几个常用的文件检索数据库：

Elsevier Science（Elsevier 期刊全文数据库）：www.china.elsevier.com.

Academic Source Premier（外文数据库）：https://www.ebsco.com/products/research-databases/academic-search-premier.

CALIS 外文期刊网（外文数据库）：http://ccc.calis.edu.cn/.

Kluwer Online（Kluwer Acdemic Publisher 期刊全文数据库）：http://kluwer.calis.edu.cn/.

Academic Press 电子期刊：https://academicpress.us/.

BioOne（全文数据库，生物学、生态学、环境科学的期刊）：https://www.bioone.org/.

Science Direct（全文数据库，包括 1200 多种自 1995 年以来的期刊全文）：https://www.sciencedirect.com/.

OCLC（计算机联网图书馆中心，收录了 4000 多种期刊的题录和全文）：https://www.crl.edu/membership/members/oclc-online-computer-library-center.

CNKI（中国知网）：https://www.cnki.net/.

维普信息资源系统：http://www.cqvip.com/.

万方数据知识服务平台：https://www.wanfangdata.com.cn/index.html.

超星期刊搜索：https://qikan.chaoxing.com/.

除了直接到数据库中按照计算机提示用关键词、作者名等检索方式检索文献外，灵活运用综合类搜索引擎也常常会有意想不到的收获，有时甚至可查到全文。如国外一些著名的研究室或学者把自己的论文以 PDF 格式放在主页上供人免费下载或登录索取，只要知道该学者或研究室的名字，用综合类搜索引擎搜索可很方便地找到其主页。常用的综合类搜索引擎有 Google（www.google.com）和百度（www.baidu.com）。最近，Google 专门为科学研究人员查阅文献开发了一个搜索引擎，通过关键词可直接查到论文而不是包含该关键词的网站或网页，网址是 www.scholar.google.com。

1.3.4 注意事项

①使用网络检索工具进行信息检索时，最主要的是确定关键词。在进行检索前，应首先把检索内容分解成一系列的基本概念，再为每个概念确定一个合适的关键词。

②文献检索需要不断更换关键词和检索式，在不同的数据库中进行反复尝试，以期获得最全的文献信息。

③如果使用某一检索方式所获得的检索结果太少，可以考虑增加同义词或近义词以扩大检索范围；如果检索结果内容太多，则可以使用逻辑符"并含（and）"的方式，缩小检索范围。

1.4 森林生态学实验研究的设计

科学的实验结论来自科学的实验设计。森林生态学实验设计是森林生态学研究的首要及重要环节。实验研究设计的科学性、正确性与否将直接关系实验结果的代表性、可信度和准确性。因此，森林生态学实验研究设计必须遵循一定的原则，按照一定的方法，采用严格的控制条件进行，以保证实验研究结果的可重复性和正确性。

1.4.1 森林生态学研究设计的目的

森林生态学研究同其他自然科学研究一样，包含以下过程：提出科学问题，确定研究内容设计实验，选定采样过程，获得代表性样本，观测样本得到数据，有目的地分析数据，解释数据取得结论，报告自己的发现与结果。其中，围绕要解决的科学问题，设计完善的、切实可行的研究方案是保证顺利地完成科研任务的关键。

1.4.2 森林生态学研究的基本特点

(1) 综合性与层次性

任何一个生态学现象和生态学过程都是多种生物要素和环境要素共同作用的结果。例如，一个森林植物种群的增长不仅与土壤环境、气候环境相关，而且还与其他生物种群的生长状况及其相互作用（如竞争、捕食、共生、偏害、寄生、拮抗等）强度有关；不仅与其生长的小（微）环境和生态系统所在的局地环境直接相关，而且还会受到周边地区乃至全球环境变化的影响。因此，这就决定了森林生态学研究的综合性、整体性、层次性和复杂性。森林生态学研究根据供试生态因子的数量和实验目标的不同，通常可分为单因素实验、多因素实验和综合实验。

单因素实验(single-factor experiment)是指整个过程中只变更、比较一个实验因素(actor)的不同水平(level)其他作为实验条件的因素均严格控制一致的实验；这是一种最基本的、最简单的实验方案。多因素实验(multiple-factor or factorial experiment)是指同一实验方案中包含两个或两个以上的实验因素，各个因素都分为不同的水平，其他实验条件均应严格控制一致的实验；这种实验的目的一般在于明确各因素的相对重要性和相互作用，并从中评选出一个或几个最优的处理组合。综合性实验(comprehensive experiment)实际上也是一种多因素实验，但与上述多因素实验不同。综合性实验中各因素的各水平不构成平衡的处理组合，而是将若干因素的某些水平结合在一起形成少数几个处理组合。这种实验方案的目的在于探讨一系列供试因素某些处理组合的综合作用，而不在于检测因素的单独效应和相互作用。

(2) 时空变异性

生态学研究大多属于田间实验，涉及生物要素和环境要素，而生物要素通常存在个体差异和遗传变异性，同时，环境要素（如气候要素、土壤要素等）存在明显的时空变异性，因此，生态学研究存在较大误差（包括系统误差和随机误差）的可能性。

田间实验误差的来源主要包括：实验材料固有的差异；实验管理与操作技术不一致；实验基础条件不一致，如土壤肥力、天气条件等生态环境条件不一致等。

控制田间实验误差的途径包括：选择同质一致的实验材料；改进操作和管理技术使之标准化；控制引起差异的生态环境因素。

1.4.3 森林生态学实验设计的基本原则

实验研究设计是科学研究计划内关于研究方法与步骤的一项内容，是实验研究过程的依据、实验数据分析处理的前提，也是提高科研成果质量的重要保证之一。如果实验设计存在着缺陷，就可能造成不应有的浪费，且足以减损研究结果的价值。实验设计既要考虑专业方面的问题，如需要根据研究对象自身的生物学特性及其环境要素合理安排实验进程；也要考虑对实验数据的统计分析方面的内容，如样本量、对照、重复、随机化等问题。森林生态学研究往往包含众多变量，实验场所、研究尺度和内容变化很大，但实验研究设计一般应遵循的原则可概括如下：

(1) 重复原则 (replication)

实验中同一处理设置的不同小区数，称为重复次数。重复的作用是估计实验误差。实验误差是客观存在的，但只能由同一处理的几个重复间的差异估得。重复的另一主要作用是降低实验误差，以提高实验的精确度。数理统计学证明，误差值与重复次数的平方根成反比。重复多，则误差小。由于生物个体之间存在差异，为了使获得的数据具有代表性，应在研究条件许可的范围内尽可能多地获取观测样本。一般严格实验室控制条件下的生理生态学实验研究，观测样本数不少于 10 个，野外种群的研究则需要根据可能的种群数量确定观测样本数，往往需要几十上百甚至上千个观测样本。

(2) 随机化原则 (random assortment)

在取样时，要做到将拟观测对象全部取样(如一个样地中的所有植物)往往是不可能的，只能从其中抽出一些样本(统计样本)来进行观测，这时的取样应遵循随机化原则，即被研究的样本是从总体中任意抽取的，任何样本被抽测的机会完全相等。随机排列是指一个区组中每一个处理都有同等的机会设置在任何一个实验小区上，以避免任何主观因素的干扰。随机排列可采用抽签法、计算机产生随机数字法或利用随机数表。在生态学研究设计中，通常要设置对照组，用来鉴别实验研究中处理因素与非处理因素的差异，并消除或减小实验误差。

(3) 局部控制原则 (local control)

局部控制就是将整个实验环境分成若干个相对最为一致的小环境，再在小环境内设置成套处理，即在田间分范围分地段控制土壤差异等非处理环境因素，使之对各实验处理小区的影响实现最大程度的一致，因为在较小地段内，实验环境条件容易控制一致。这是降低误差的重要手段之一(图 1-2)。

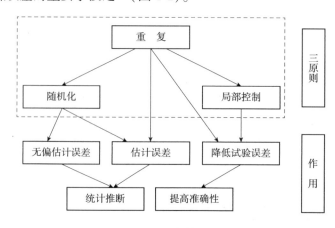

图 1-2　局部控制图

1.4.4 森林生态学研究设计的基本内容

研究设计包括研究目的、观测变量指标、研究方法与步骤以及研究时间安排和经费预算等。下面以宋娅丽(2019)所做的一项研究的研究设计为例，说明研究设计的具体内容。

研究目的：探讨不同浓度 $NaHCO_3$ 胁迫对黑麦草、高羊茅和早熟禾生理生态特征的影响，以期为 $NaHCO_3$ 类型盐碱地冷季型草坪草品种的选育及推广应用提供理论依据。

提出假设(hypotheses)：在进行研究设计前，应根据研究目的对自己的研究做一个简洁的、可观测的假设结论，通过设计研究来验证自己的假设，得出明确的结论。假设应该可被自己的研究结果支持(support)或推翻(reject)。通过阅读大量已发表的相关文献，本例中所做的假设为：不同浓度 $NaHCO_3$ 胁迫确实会影响草坪草生理生态特征；低浓度影响较小，高浓度影响较大；在一定浓度范围内 $NaHCO_3$ 胁迫会对黑麦草、高羊茅和早熟禾的生长产生不可逆的影响。

该项研究中的自变量是 $NaHCO_3$ 胁迫水平，因变量根据研究目的，确定观测指标为植物生理生态指标(草坪外观质量、叶片萎蔫系数、地上部分干重、根系干重、根冠比、叶片相对含水量、叶绿素含量、叶片相对电导率、脯氨酸含量、丙二醛含量、K^+ 含量和 Na^+ 含量)。一般来说，要根据研究目的和任务，选择对说明研究结论最有意义并具有一定特异性、灵敏性、客观性的指标进行观测。必要的指标不可遗漏，数据资料应当完整无缺；而无关紧要的项目就不必设立，以免耗费人力物力，拖延整个研究时间。

研究设计前的准备工作：由于该研究要在恒温培养箱中培养草坪草，本着单因子变量原则，除作为研究实验处理的 $NaHCO_3$ 胁迫水平外，其他可能影响研究结果的因素，如温度、光照、浇水量等均要保持一致，且这些因子应当为适宜草坪草生长的条件，以有利于研究结果的获取。因此，在研究设计前应查文献确定草坪草生长的最适温度、光照及需水量等条件。另外，还要根据文献确定每项研究指标的研究操作方法，了解需要的仪器设备及药品。最好通过开展预实验或请教相关专家了解研究工作量，并熟悉掌握研究操作技术等。

实验研究设计：确定供试材料为克劳沃(北京)生态科技有限公司进口的3种多年生冷季型草坪草：黑麦草-辉煌、高羊茅-火凤凰2号、早熟禾-雪狼，在恒温培养箱中进行2周的适应性培养：温度设定为白天21℃，夜间18℃(12h光照，12h黑暗)，控制空气相对湿度为70%，光照强度为660μmol/(m^2·s)。2周后将叶片高度统一修剪为10cm，进行 $NaHCO_3$ 胁迫处理，处理6周。$NaHCO_3$ 胁迫浓度分别设置为0.0%(对照CK)、0.2%、0.4%、0.6%、0.8%、1.0%，共6个水平，每个水平3个重复。采用盐水灌溉的方法，把 $NaHCO_3$ 配成上述浓度的盐水后定期定量地浇入管中。为减少盐分积累，各个浓度的盐水每2d浇1次，每次每管200mL，盐水浇入管中后多余的盐水从管底自由排出。开始盐处理时为减少盐冲击效应，不同浓度 $NaHCO_3$ 以每2d以0.2%的浓度逐步增加。

在进行实验研究观测时，可按照观察项目之间的逻辑关系与顺序，编制便于填写和统计的数据记录表，以便随时记录研究过程中获得的数据资料。表中指标应有明确的定义,必须标明度量单位,且一般采用国际单位制单位。实例中观测生长量的数据见表 1-1。

表 1-1　不同浓度 NaHCO$_3$ 胁迫下草坪草生长实验研究观测记录表

日期:　　　　　　　　　　　　　　　　　　　　　　　　　　观测人:

说明(在研究过程中如发生异常,如植物死亡、操作有误等记在此栏):

NaHCO$_3$ 胁迫浓度(%)		0.00	0.20	0.40	0.60	0.80	1.00
草坪外观质量	1 周						
	2 周						
	3 周						
	4 周						
	5 周						
	6 周						
叶片萎蔫系数(%)	1 周						
	2 周						
	3 周						
	4 周						
	5 周						
	6 周						
叶片相对含水量(%)	1 周						
	2 周						
	3 周						
	4 周						
	5 周						
	6 周						
叶绿素含量(mg/g)	1 周						
	2 周						
	3 周						
	4 周						
	5 周						
	6 周						
脯氨酸含量(μg/g)	1 周						
	2 周						
	3 周						
	4 周						
	5 周						
	6 周						

注:此表仅为测定部分指标的一个实验组,因表格较大,省略了其他实验组记录。

拟定对观测数据分析整理的预案，即准备对获得的数据资料如何进行整理、要计算哪些统计指标、用什么统计分析方法等实现必须有个初步的设想。实例中因为样本体重差异不大，拟采用单因素方差分析统计分析数据。

实验研究设计中，有时需要做经费预算，即根据所用实验材料、药品、设施、时间等对研究经费做大致预算。

1.4.5 注意事项

①研究目的是设计实验的纲要，只有明确研究目的，才能设计合理的变量。

②运用已有的科学知识基础和符合逻辑的论据对提出的问题做出尝试性的解释。

1.5 森林生态学研究调查与采样

研究森林生物与其环境之间相互关系的森林生态学，其研究方法一般可分为野外研究、实验研究和数学模型研究三大类。野外调查和实验研究是生态学研究的基础，是第一性的。通过野外调查与采样，掌握野外调查与采样的基本步骤。

1.5.1 前期准备

调查研究之初必须明确目的、要求、对象、范围、深度、工作时间、参加人数、调查方法及预期成果；对调查研究地和对象的前人研究工作要尽可能地搜集资料，对相关学科的资料也要搜集，如地区的气象资料、地质资料、土壤资料、地貌水文资料、林业及社会情况等资料。

森林野外环境复杂多变，且往往生活、工作不方便，因此出野外前一定要做好精心的准备。准备工作大致可分为自身安全、生活的准备和采样的准备。出去采样，首先要安排好衣食住行，如当地没有食宿设施，就要带好充足的水、食物、睡袋、御寒(防暑)的衣物或用品、一些野外常用药品(跌打损伤、腹泻、感冒、消炎类及防蛇、防虫等药物)、绷带、绑腿及手电筒等。总之，保护好自身的安全和健康是最重要的。调查、采样的准备则首先要根据研究目的和采样环境的特点拟定一个切实可行的研究方案，类似于前面提到的研究设计。进行这些设计前，应预先根据研究目的把采样地点和生物的背景资料了解清楚，确定好采样时间(昼夜、季节都要考虑)、地点范围、采样方式，然后把方法、步骤、所需仪器和物品、时间安排等计划好，认真准备要带的仪器、物品，保证其一切完好，能正常使用。

主要研究器材包括：温度计、照度计、湿度计、测高仪、坡度计和风速计等环境因子测量用仪器；罗盘、GPS、大比例尺地形图等定位工具；望远镜、录音机、照相机、摄像机、测绳、钢卷尺、皮尺、动植物分类检索书籍、记录本、笔、观测记录表格纸和方格绘图纸等观测、记录工具；样方绳、样方圈、标本夹、标签、标本袋、标本瓶、液氮、乙醇或甲醛溶液、手铲、剪枝剪、小刀、特殊黏合器昆虫网、诱捕器和圈套等采样工具。

1.5.2 调查与采样方法——样方法

样方法是多种生物研究野外取样时采用的基本方法。样方通常为方形，但也可采用圆形或其他形状的样地。取样时根据研究目的采取样方面积内的所有目标生物，如在研究土壤生物时则通常采集一定体积内的所有目标生物。设置样方位置时一定要遵循随机性原则，样方位置设定好后，即可根据研究目的采集或观测样方内的生物，进行分类、计数、测生物量等。根据不同的工作性质，可将样方分为记名样方、面积样方、质量样方和永久样方。

通过实地踏查，在研究区设置不同植被的 3 个重复样地，面积为 20m×30m，每个重复样地之间在 20km 的范围之内，以确保样地之间有着相近的气候、土壤等环境条件，填入表 1-2。样地设置具体步骤如下：

表 1-2 森林群落样方基本信息表

样方编号		群落类型		样方面积(m²)	
调查地点		省　　　县(林业局)　　　乡(林场)　　　村(林班)			
具体位置描述					
纬　度		地　形	( )山地　( )洼地　( )丘陵　( )平原　( )高原		
经　度		坡　位	( )谷地　( )下部　( )中下部　( )中部		
海　拔			( )中上部　( )山顶　( )山脊		
坡　向		森林起源	( )原始林　( )次生林　( )人工林		
坡　度		干扰程度	( )无干扰　( )轻微　( )中度　( )强度		
土壤类型		林　龄	群落剖面图：		
垂直结构	层高(m)	盖　度(%)	优势种		
乔木层					
亚乔木层					
灌木层					
草本层					
调查人					
记录人		调查日期			

(1) 样地围取

首先，确定一个原点(通常在坡的下部，位于所调查生物群落的中心)，沿等高线确定样地的一条边(边的长度取决于规定的样方面积)；然后，以第一条边的终点为起点向上引出第二条边，在拐角处用罗盘确定角度为直角，同理，再分别确定第三条边和第四条边；最后，要求到达原点的闭合差不超过样地周长的 1%。

样地围取后，用 GPS 准确定位，在示意图(示意图可以画在一定大小的坐标纸上)和地形图(1∶10000)上标出具体位置，四周用标桩固定，以便下次调查时能顺利找到同一样方，并及时设置必要的保护性围栏。

（2）样地所代表群落的一般性描述

样地确定后，需要基于区域植被图和土壤图对选定的样地进行生物和土壤分布情况的调查，具体调查以下各层特征：

①乔木层：对样地内各乔木进行每木检尺，记录样地中胸径（DBH，高度1.3m）大于等于9cm乔木的胸径、树高、地理坐标、冠幅、枝下高，同时也记录胸径小于9cm乔木的各项指标。树高用布鲁莱斯测高器或测树杆（6m）来测定，并记录枯立木的胸径、树高，填入表1-3。

表1-3 乔木层调查记录表

群落名称： 样地面积： 层次名称： 野外编号：
层 高 度： 层 盖 度： 调查时间： 记 录 者：

编号	物种名称	树高（m）	胸径（cm）	断面积（cm²）	显著度（%）	冠幅（cm×cm）	物候期	生活力	备注
01									
02									
03									
04									
05									
06									
07									
08									
09									
10									
11									
12									
13									
14									
15									
16									
17									
18									
19									
20									

②林下植被层：在研究区每个乔木层样地内随机选取5个2m×3m的灌木林样地和5个1m×1m的草本样地。记录灌木层的种类、主干高和覆盖率，记录草本层的种类、密度和高度，填入表1-4和表1-5。

表 1-4　灌木层调查记录表

群落名称：　　　　　样地面积：　　　　　层次名称：　　　　　野外编号：
层　高　度：　　　　　层　盖　度：　　　　　调查时间：　　　　　记　录　者：

编号	物种名称	数量（株/丛）	高度（m）	基径（cm）	断面积（cm²）	基盖度（%）	冠径（cm）	物候期	生活力	备注
01										
02										
03										
04										
05										
06										
07										
08										
09										
10										
11										
12										
13										
14										
15										
16										
17										
18										
19										
20										

表 1-5　草本层野外样方调查表

群落名称：　　　　　样地面积：　　　　　层次名称：　　　　　野外编号：
层　高　度：　　　　　层　盖　度：　　　　　调查时间：　　　　　记　录　者：

编号	物种名称	数量（株/丛）	高度（m）	基径（cm）	断面积（cm²）	基盖度（%）	冠径（cm）	物候期	生活力	备注
01										
02										
03										
04										
05										
06										
07										
08										
09										
10										
11										

(续)

编号	物种名称	数量（株/丛）	高度（m）	基径（cm）	断面积（cm²）	基盖度（%）	冠径（cm）	物候期	生活力	备注
12										
13										
14										
15										
16										
17										
18										
19										
20										

③凋落物层：在每个样地中设置5个凋落物框，计算凋落物的动态变化。凋落物框面积为1m×1m，中心栓有金属网眼的网丝，四周由木棍支撑放置在距地面约50cm的高度，收集凋落物。

④土壤层：将土壤层分为0~10cm、10~20cm、20~30cm、30~50cm、50~70cm和70~100cm 7层土层，使用体积为100cm³的环刀来收集不同土层的土样。在每个样地外的2~3m处收集土壤样品。为了消除地理位置的混合因素，在每个样地的上坡、中坡和下坡分别收集土壤样品。为了排除小区域土壤碳储量的变化，在每个取样位置取3个重复，填入表1-6。

表1-6 土壤调查表

记录者： 调查时间： 样方编号：

	剖面编号		地 形		坡向及坡度		
	海 拔(m)			土地利用类型			
土壤剖面形态特征	土层厚度(cm)	0~10	10~20	20~30	30~50	50~70	70~100
	层次符号						
	颜 色						
	结 构						
	含水量						
	质 地						
	紧实度						
	新生体						
	侵入体						
	根 量						
	石砾含量						
	层次过渡情况						
	剖面综合特征						

1.5.3 植物采集方法

在研究植物与环境相互关系时，往往要涉及相关环境中植物样品的采集与制备处理。对于野生植物样品的采集不仅包含了植物学内容的植物标本采集与制作，还包含供分析测试用的植物样品的采集。森林植物样品包括根、茎、叶、花、果、种子等，样品分析通常包括矿质营养、糖类及有关化合物等分析和测定。

在调查研究的基础上，制订方案，确定布点、采样方法、采样时间和频率，采集具有代表性的样品，选择适宜的样品进行制备、处理和分析测定。

采集时要记录采集地点、时间、植物生长发育时期、土壤和地形环境条件等。

(1) 植物标本采集

植物标本采集尽量采集植物全株，尤其是草本植物；对于较大的灌木和乔木植物，要采集植物的枝叶、花和果实，制作为植物标本。

(2) 植物分析样品采集

植物分析样品采集包括植物地上部分和植物根系。其中植物地上部分包括植物枝条、叶片、花、果实和种子等。

首先要准备小铲、枝剪、剪刀、布袋和聚乙烯袋，以及标签、记录本、采集登记表等；其次要确定样品的采集量。为了确保有足够数量的样品进行测定分析，应根据分析项目的内容要求确定样品的采集量。一般要求样品经制备后，至少有 20~50g 的干样品，最好备有 1kg 的干样品。

采集 5~10 处的植株混合组成一个代表样品。根据要求，按植株的根、茎、叶、果、种子等不同部位分别采集，或整株采集后带回实验室再按部位分开处理。

植物地上部分采集时，叶片采集分老龄叶片、成熟叶片和幼龄叶片，分别分布在植物的下层、中层和上层，或枝条的基部、中部和顶部。可以根据实验要求采集足够数量的植物叶片；植物枝条可以分为主干和侧枝，侧枝也可以根据需要再细分，然后根据实验要求分别采集足够数量的枝条。采集果树样品时，要注意树龄、株型、长势、挂果数量及果实生长的部位和方向

植物根系根据植物种类不同差异较大。一般地，植物根系可以分为有主根和无主根两种类型。无主根的植物根系可以按照老龄根和幼龄根等分别采集，也可以按照不同深度的土层来采集；有主根的植物根系可以按照主根、侧根和毛细根等分别采集，也可以按照不同深度的土层来采集。具体采集方法和所需根系的数量视研究目的和研究内容来确定。采集根部样品时，无论是在抖落附在根系上的泥土时，还是在用清水冲洗(不可浸泡)后，再用纱布拭干水分的过程中，均应注意保持根系的完整，切不可损伤根毛。

无论是植物的地上部分还是地下部分，采集后通常作两种处理。一种是植物新鲜样品的处理，通常称取鲜重后，直接处理和测定；也可以先用液氮保存，带回实验室进行处理和测定。另一种是植物烘干样品的处理，通常先称取植物样品的鲜重，然后在 70~80℃温度下烘干，带回实验室进行处理和测定。

1.5.4 土壤采集方法

土壤样品的采集是土壤分析工作的一个重要环节，在森林中采集有代表性的样品，

是如实反映客观情况的先决条件。

分析某一土壤或土层，只能抽取其中有代表性的少部分土壤，这就是土样。采样的基本要求是土样具有代表性，即能代表所研究的土壤总体。土壤样品（土样）的采集与处理，是土壤分析工作的一个重要环节，直接关系分析结果的准确性。因此，必须按正确的方法采集和处理土样，以便获得符合实际的分析结果。

(1) 土壤剖面样品采集

土壤剖面样品采集是为了研究土壤的基本理化性质和发生分类。选择有代表性的地点挖掘剖面，根据土壤发生层次由下而上地采集土样，一般在各层的典型部位采集厚约10cm的土壤，每层采1kg，放入有标签的布袋或塑料袋内。

(2) 土壤混合样品采集

土壤混合样品是在一采样地块上多点采土，混合均匀后取出一部分，以减少土壤差异，提高土样的代表性。选择有代表性的采样点5~20个。

(3) 风干处理

野外取回的土样，除田间水分、硝态氮、亚铁等需用新鲜土样测定外，一般分析项目都用风干土样。方法是将新鲜湿土样平铺于干净的纸上，弄成碎块，摊成薄层（厚约2cm），放在室内阴凉通风处自行干燥。切忌阳光直接暴晒和酸、碱、蒸气以及尘埃等污染。

(4) 磨细和过筛

称取土样约500g放在乳钵内研磨。磨细的土壤先用孔径为1mm（18号筛）的土筛过筛，用作颗粒分析土样，国际制通过2mm筛孔反复研磨，使<1mm的细土全部过筛。粒径>1mm的未过筛石砾，称重（计算石砾质量分数）后遗弃。将<1mm的土样混匀后铺成薄层，划成若干小格，用骨匙从每一方格中取出少量土样，总量约50g。将其置于乳钵中反复研磨，使其全部通过孔径0.25mm（60号筛）的土筛，然后混合均匀，装入广口瓶，贴上标签。

样品的处理应按研究目的要求而有所差异。对于土壤速效养分测定，最好用田间新鲜样品直接快速方法测定，对于土壤容重、坚实度等物理性质测定，必须用原状土样，不破坏土壤结构体，进行土壤机械组成等项目的物理分析时，土样必须全部通过1mm筛，留在筛上的碎石称重后保存，以备砾石称重计算之用，化学分析时，要仔细挑去混在风干土样中的石块、根茎及各种新生体和侵入体，然后磨细，全部过18号筛，这种土样可供速效养分、交换性能和pH值等项目的测定。分析有机质、全氮时，需进一步研磨，使其全部通过0.25mm筛为止。研磨后的样品混匀后，即可装瓶并贴上标签，写上编号，保存在阴凉、干燥处。

1.5.5 气体采集方法

采集大气样品是测定空气中不同物质组成的第一步，采样方法正确与否，直接关系测定结果的可靠性和准确性。采集大气的方法可归纳为直接采样法和富集（浓缩）采样法两类。

(1) 直接采样法

直接采样法适用于大气中被测组分浓度较高或监测方法灵敏度高的情况，这时不必浓缩，只需用仪器直接采集少量样品进行分析测定即可。此法测得的结果为瞬时浓度或短时间内的平均浓度。

直接采样法常用容器包括注射器、塑料袋、采气管、真空瓶等。

①注射器采样：常用 100mL 注射器采集有机蒸汽样品。采样时，先用现场气体抽洗 2~3 次，然后抽取 10mL，密封进气口，带回实验室分析。样品存放时间不宜长，一般当天分析完。气相色谱分析法常采用此法取样。取样后，应将注射器进气口朝下，垂直放置，以使注射器内压略大于外压。

②塑料袋采样：应选不吸附、不渗漏，也不与样气中污染组分发生化学反应的塑料袋，如聚四氟乙烯袋、聚乙烯袋、聚氯乙烯袋和聚酯袋等，还有用金属薄膜作衬里（如衬银、衬铝）的塑料袋。采样时，先用二联球打进现场气体冲洗 2~3 次，再充满样气，夹封进气口，带回实验室分析。

③采气管采样：采气管容积一般为 100~1000mL。采样时，打开两端旋塞，用二联球或抽气泵接在管的一端，迅速抽进比采气管容积大 6~10 倍的欲采气体，使采气管中原有气体被完全置换出，关上旋塞，采气管体积即为采气体积。

④真空瓶采样：真空瓶是一种具有活塞的耐压玻璃瓶，容积一般为 500~1000mL。采样前，先用抽真空装置把采气瓶内气体抽走，使瓶内真空度达到 1.33kPa，之后，便可打开旋塞采样，采完即关闭旋塞，则采样体积即为真空瓶体积。

(2) 富集（浓缩）采样法

富集（浓缩）采样法，是使大量的样气通过吸收液或固体吸收剂得到吸收或阻留，使原来浓度较小的污染物质得到浓缩，以利于分析测定。适用于大气中污染物质浓度较低的情况。采样时间一般较长，测得结果可代表采样时段的平均浓度，更能反映大气污染的真实情况。具体采样方法包括溶液吸收法、固体阻留法、液体冷凝法、自然积集法等。

本实验研究介绍溶液吸收法。溶液吸收法是采集大气中气态、蒸汽态及某些气溶胶态污染物质的常用方法。其中吸收液的选择原则包括：与被采集的物质发生不可逆化学反应或对其溶解度大；污染物质被吸收液吸收后，要有足够的稳定时间，以满足分析测定所需时间的要求；污染物质被吸收后，应有利于下一步分析测定，最好能直接用于测定；吸收液毒性小，价格低，易于购买，并尽可能回收利用。本方法常用的吸收管包括以下类型：

①气泡式吸收管：适用于采集气态和蒸汽态物质，不宜采气溶胶态物质。

②冲击式吸收管：适宜采集气溶胶态物质和易溶解的气体样品，而不适用于气态和蒸汽态物质的采集。管内有一尖嘴玻璃管作冲击器。

③多孔筛板吸收管（瓶）：是在内管出气口熔接块多孔性的砂芯玻板，当气体通过多孔玻板时，一方面被分散成很小的气泡，增大了与吸收液的接触面积；另一方面被弯曲的孔道所阻留，然后被吸收液吸收。所以多孔筛板吸收管既适用于采集气态和蒸汽态物质，也适用于气溶胶态物质。

采样时，用抽气装置将欲测空气以一定流量抽入装有吸收液的吸收管（瓶），使被测物质的分子阻留在吸收液中，以达到浓缩的目的。采样结束后，倒出吸收液进行测定，根据测得的结果及采样体积计算大气中污染物的浓度。吸收效率主要取决于吸收速度和样气与吸收液的接触面积。

1.5.6 水样采集方法

森林水样采集是为了对森林水体进行水质分析(水质量的参数)、水的物理性质(色度、浊度等)和化学性质(pH值、含盐量、需氧量等)分析以及生物分析(浮游生物、水体生产力等)。

(1) 采样原则

采集的水样必须具有代表性,能够真实反映水质状况。在实验室分析之前水样中的待测成分保持不变。

(2) 采样体积

采集水样的数量取决于所分析项目的数量及选用的测定方法。水质分析常规项目需要采集水样3~5L。

(3) 水样保存

目前水样保存的方法只限于冷藏(冷冻)和加入化学保存剂。冷藏方法是将水样采集后放在暗处约4℃保存,可抑制微生物活动,并减缓物理与化学变化的速率。加入化学保存剂方法是通过加入某种化学剂以稳定水样中的一些待测组分,应注意空白值的校正。因酸化后的水样可将容器中微量金属和悬浮微粒中金属的溶出。存放水样的容器和水样保存方法见表1-7。

表1-7 存放水样的容器和水样保存方法

项目	容器	保存方法及可保存时间
色度、臭和味、浑浊度	玻璃瓶	冷藏,24h内测定
pH值	玻璃瓶或聚乙烯塑料瓶	最好现场测定,冷藏,6h内测定
总硬度	玻璃瓶或聚乙烯塑料瓶	加硝酸至pH<2.0,可保存6个月
砷	玻璃瓶或聚乙烯塑料瓶	加硝酸至pH<2.0,可保存7d
余氯	玻璃瓶	现场测定
氨氮、硝酸盐氮和耗氧量	玻璃瓶或聚乙烯塑料瓶	每升水样加0.8mL浓硫酸冷藏,24h内测定
亚硝酸盐氮	玻璃瓶或聚乙烯塑料瓶	冷藏,尽快测定(不能超过48h)
氟化物	聚乙烯塑料瓶	无要求,28d
氯化物、硫酸盐	玻璃瓶或聚乙烯塑料瓶	冷藏,28d
细菌总数、大肠菌群总数	玻璃瓶(消毒)	冷藏,4h检验。如有游离余氯应在采样瓶消毒前每125mL水样加0.1mL硫代硫酸钠溶液(100g/L)

(4) 采样方法

对于天然水样,大多采用定时采集的方法。为了反映水质的全貌,必须在不同的地点和时间间隔重复取样。采集的频度须足够大以反映水样随季节的变化。通常采用两周一次或一月一次。

采样前对于样品的用途应该有清楚的了解,以确定采样点、采样时间和采样频率,假若是测定森林径流中某种元素或污染物长期的变化规律应选取在固定间隔期间内可以重复采样的地点,最好能每日采样1次,在丰、枯、平水期每期至少采样两次。不同类型的采水器如图1-3所示。

 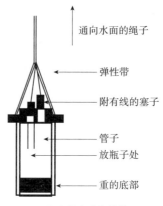

(a) 有机玻璃采水器　　　　(b) 排水式取样器

图 1-3　不同类型的采水器

表面水样的采集，必须将聚乙烯瓶插入水面以下 0.5m 处，避开水表面膜，并戴上聚乙烯手套，样品应充满容器。采样后立即加盖塞紧，避免接触空气。若径流水较浅或采样点靠近森林河流岸边水浅的地方，采样者应位于下游采集上游水样，同时避免搅动沉积物。

1.6　森林生态学研究数据处理与分析

1.6.1　原始数据的初步处理

森林生态学中研究的数据来源和类型多种多样，未加整理的数据很难进行分析，故首先应对这些数据进行加工整理，使之系统化、条理化，以符合统计分析的需要。概括起来，研究数据资料预处理的过程包括数据审查、数据清理、数据转换和数据验证。

(1) 对原始数据或资料进行审查

生态学数据整理首先是要对统计调查得来的资料进行检查和审核，审核的内容包括：

①数据的完整性：要检查预定调查对象的数据是否齐全，调查所规定的资料的项目是否完整。

②数据的正确性：要检查调查资料的有关项目的内容是否合理，不同的项目之间的数据有无矛盾之处。还要检查调查数据在计算上有无错误，例如，可以对列联表中的有关合计数字纵横相加，以验证计算是否正确。

③数据的及时性：检查所获得的数据是否符合调查时间上的要求。

(2) 数据清理

数据清理主要针对数据审查过程中发现的明显错误值、缺失值、异常值、可疑数据，选用适当的方法进行处理，有利于后续的统计分析得出可靠的结论。

(3) 数据的转换

数据转换的目的：一是为了改变数据的结构，使其能更好地反映生态关系，或者更好地适合某些特殊分析方法,例如,非线性关系的数据通过平方根转换可以变成线性结构,这样对线性方法,如主成分分析就更为合适;二是为了缩小属性间的差异性,由于属性的量纲不同,往往不同属性间的数据差异很大,例如,不同的环境因子测量值,对数转换可使得数据值趋向一致;三是从统计学上考虑。如果抽取的样品偏离正态分布太远,可以进行适当转换。

(4)数据的标准化处理与数据验证

在研究中,为了消除实验研究中不同来源或属性数据的量纲影响,以及变量自身变异和数值的影响,常需要进行数据的标准化处理,常用的数据标准化方法有:中心化变换、标准化变换、总和标准化、极差标准化等。

由于森林生态学研究中所观测的样品都是实际生物种群或群落中的一部分,要想通过这些观测数据作出预测和推论,必须使用统计学方法。生物统计学方法使生态学家能够通过分析观测随机抽取的部分样品数据,来定量描述或概括生物种群或群落的一些特性,从而得出结论,并有目的地分析评估一些数据之间的异同和关联性(如通过分析一些数据,判定两个种群之间的关系或两个群落的相似性)。

数学生态学家在对数据分析、整理的基础上,通过建立各种模型,对生物种群或群落未来的变化趋势作出预测。随着生态学向宏观、微观方向的深入发展,实验数据分析需要用到的数学、统计学、信息学知识也日益增多。本节仅介绍一些最基本的用于生态学实验数据分析的统计学方法。这些统计学方法的具体运算都可使用相应的计算机软件,如 Statistic、SAS、SPSS 统计分析软件,Excel、Origin 等数据处理作图软件也可进行简单的统计学数据分析。

森林生态学实验数据通常数据量大,形式复杂,对于取得的原始数据,首先应进行分类,把数值变量、类别变量等区分开,然后利用柱形图、散点图等初步判断数据的分布情况。如果数据分布图大致呈两边对称的钟形,说明数据符合正态分布(normal distribution)。这一点对生态学家很重要,因为大部分统计运算都是以假定数据呈正态分布为前提的。如要比较两组数据的平均值,必须首先确认两组数据都呈正态分布,而且偏差相等。因此,在进行数据的统计分析前,首先要判断其是否符合正态分布。可用 SPSS 软件中的 Kolmogorov-Smirnov test 来检验。如果数据不符合正态分布,可根据数据特性先将其进行简单的转换,如对测量分布密度的计数数据常做对数、方根转换,比率数据一般做角度(反正弦等)转换,再判断其是否符合正态分布。如果仍不符合正态分布,则不能用通常的参数检验方法,而要用非参数检验法(nonparametric testing)进行统计分析。

1.6.2 聚类分析

聚类分析指将物理或抽象对象的集合分组成为由类似的对象组成的多个类的分析过程。聚类是将数据分类到不同的类或者簇这样的一个过程,所以同一个簇中的对象有很大的相似性,而不同簇间的对象有很大的相异性。聚类分析是一种探索性的分析,在分类的过程中,人们不必事先给出一个分类的标准,聚类分析能够从样本数据出发,自动进行分类。聚类分析所使用方法的不同,常常会得到不同的结论。不同研究者对于同一组数据进行聚类分析,所得到的聚类数未必一致。

从统计学的观点看，聚类分析是通过数据建模简化数据的一种方法。传统的统计聚类分析方法包括系统聚类法、分解法、加入法、动态聚类法、有序样品聚类、重叠聚类和模糊聚类等。采用 K-均值、K-中心点等算法的聚类分析工具已被加入许多著名的统计分析软件包中，如 SPSS、SAS 等。聚类分析第一步，要逐个扫描样本，每个样本依据其与已扫描过的样本的距离，被归为以前的类，或生成一个新类；第二步，对第一步中各类依据类间距离进行合并，按一定的标准，停止合并。

1.6.3 描述统计

描述统计是通过图表或数学方法，对数据资料进行整理、分析，并对数据的分布状态、数字特征和随机变量之间关系进行估计和描述的方法。对种群或群落某项特性的观测结果称为参数(parameter)。由于我们无法取得整个种群或群落的所有数据，只能根据所抽取到的样本数据对整体数据进行统计学估测，这样的估测结果为描述统计(descriptive statistics)。

（1）平均值

平均值是对一组数据中心位置的描述，是非常有用的一个统计量。例如，采用样方法观测个种群的密度，得到 10 个样方的观测值分别为 5 个/m²、3 个/m²、7 个/m²、2 个/m²、9 个/m²、3 个/m²、4 个/m²、1 个/m²、5 个/m²、6 个/m²，则平均种群密度为 (5+3+7+2+9+3+4+1+5+6)/10 = 4.5 个/m²。同样，还可以通过求平均值来得到某个种群个体的平均质量、树木的平均高度等。通过两组数据平均值的比较，还能判断两组之间特性参数的相对大小。如分别在两块样地上采样计算种群密度，通过平均值比较，可得知这块地上的种群密度比另一块地高还是低。只要采样时随机采样，抽取的样本数量足够多，得到的平均值就可很好地估计种群该参数平均值。平均值有很多种，如算术平均值、中值、几何平均值等，通常用到的为算术平均值。一个种群所有个体的平均值通常用希腊字母 μ 表示，而对抽样样本数据进行计算得到的平均数称为样本平均值(mean or average)，常用 $\bar{x}$ 表示，计算式为：

$$\bar{x} = \frac{1}{n}(x_1+x_2+\cdots+x_n) \quad \text{或} \quad \bar{x} = \frac{1}{n}\sum_{i=1}^{n} x_i \tag{1-1}$$

（2）误差的估测与数据表

准确度(accuracy)和精度(precision)是两个易混淆的词，一定要注意这两个词的区别。准确度指的是测量值与真实值的接近程度，其与真实值之间的差为误差。精度指的是对同样本进行几次重复测量，测量值之间的差别。在用平均值作为样本的代表数值时，其代表性的强弱受样本资料中各观测值变异程度的影响。如算术平均值仅告诉我们一组数据的平均大小，却无法反映该组数据偏离平均值的程度，即分散程度。如两组数 1、6、11、16、21 和 10、11、11、11、12 的平均值虽然相同，但数据的分散程度不同。仅用平均值对一个研究对象的特征进行统计描述不全面。因此，研究中在用抽样样本的观测值推测平均值时，还要估算该组观测值对于平均值的分散程度，并给出真实值的置信区间。生态学研究中常用的描述数据变异程度的统计量有标准差(standard deviation，SD 或 s)和变异系数(coefficient of variation，CV)。两者的计算公式分别为：

$$s = \sqrt{\frac{\sum(x-\bar{x})^2}{n-1}} \qquad (1-2)$$

$$CV = \frac{s}{\sqrt{n}} \qquad (1-3)$$

式中，SD 也常写作 s，为标准差；$x-\bar{x}$ 为样本距平均值的离差；$n-1$ 为自由度。

变异系数可以消除单位和(或)平均值不同对两个或多个观测变量变异程度比较的影响。

尽管我们可以通过计算样本平均值来估算某个观测变量(如种群个体的体重)的平均值，我们可能想了解这样取样后样本平均值的精确性好不好，可以理解为从一个种群中多次抽样后根据多组样本计算的样本平均值的变异有多大。这些样本平均值的变异可用标准误差(standard error, SE)来表示。标准误差也称为平均值的标准差(standard deviation of the mean)。

$$SE = \frac{s}{\sqrt{n}} \qquad (1-4)$$

利用标准误差，我们可很方便地写出所观测变量在某一检验水平 α 上的置信区间。表示在该检验水平上，观测变量未知的总体均数在该区间范围内的可信度为 $1-\alpha$。该置信区间称为平均值的 $(1-\alpha)$ 置信区间，表示为：

$$\left(\bar{x}-t_{\alpha,f}\times\frac{s}{\sqrt{n}},\ \bar{x}+t_{\alpha,f}\times\frac{s}{\sqrt{n}}\right) \qquad (1-5)$$

式中，$t_{\alpha,f}$ 在检验水平为 α 自由度为 f 时，查 t 值表得到的 t 值。

例如，通过抽样观测，得到某树林中 50 个树木抽样样本的平均树高 $\bar{x}$ 及标准误差 $\frac{s}{\sqrt{n}}$，设检验水平为 0.05，查 t 值表得知 $t\ 0.05,49$ 为 2.01，则认为该树林树木平均树高在 $\left(\bar{x}-2.01\times\frac{s}{\sqrt{n}},\ \bar{x}+2.01\times\frac{s}{\sqrt{n}}\right)$ 范围内有 95% 的正确性。

森林生态学实验数据常常以 $\bar{x}\pm t_{\alpha,f}\times\frac{s}{\sqrt{n}}$ 的形式表示，对独立随机抽取的单组样本(样本内没有平行重复)的均值，也可用 $\bar{x}\pm s$ 表示数据。不论用哪种表示方式，都应明确注明 $\bar{x}\pm$ 后面一栏的数字是标准误差 SE 还是标准差 $s(SD)$。

1.6.4 方差分析

方差分析(analysis of variance, ANOVA)又称为 F 检验，用来比较多组实验数据的总体均数有无差异，包括完全随机设计或成组设计的单因素方差分析和配伍组设计的两因素方差分析。方差分析的基本原理是将全部观测值之间的总变异分解为由于随机误差等原因造成的且内变异和由于外部因素的影响而造成的组间变异。然后通过计算 F 值来进行检验。其检验假设为：H_0：多个样本总体均数相等；H_1：多个样本总体均数不相等或不全等。检验水准为 0.05。F 值是用组间均方(即自由度作为除数去除离均差平方和所得的商)除以组内均方所得的商。用 F 值与 1 相比较，若 F 值接近 1，说明各组均数间的差异没有统计学意义;若 F 值远大于1,则说明各组均数间的差异有统计学意义。实际应用时,F 值大于特定值的概率可通过查阅 F 界值表(方差分析用)获得。现在常用的统计学软件都可进行方差分析。

经过方差分析,若拒绝了检验假设,只能说明多个样本总体均数不相等或不全相等。若要得到各组均数间更详细的信息,应在方差分析的基础上进行多个样本均数的两两比较。两两比较的方法很多,最常用的有 Duncan 法(新复极差法)和最小显著差法(LSD 法)等。

(1) 单因素方差分析

单因素方差分析是用来研究一个控制变量的不同水平是否对观测变量产生了显著影响。这里,由于仅研究单个因素对观测变量的影响,因此称为单因素方差分析。例如,分析不同林龄是否给森林生物量带来显著影响,考察气候条件差异是否影响森林乔木树高、胸径,研究林分类型对森林土壤养分特征的影响等。这些问题都可以通过单因素方差分析得到答案。

单因素方差分析的第一步是明确观测变量和控制变量。例如,上述问题中的观测变量分别是生物量、树高、胸径、土壤养分特征;控制变量分别为林龄、气候条件、林分类型。单因素方差分析的第二步是剖析观测变量的方差。方差分析认为:观测变量值的变动会受控制变量和随机变量两方面的影响。据此,单因素方差分析将观测变量总的离差平方和分解为组间离差平方和和组内离差平方和两部分,用数学形式表述为:SST=SSA+SSE。单因素方差分析的第三步是通过比较观测变量总离差平方和各部分所占的比例,推断控制变量是否给观测变量带来了显著影响。

(2) 多因素方差分析

多因素方差分析用来研究两个及两个以上控制变量是否对观测变量产生显著影响。这里,由于研究多个因素对观测变量的影响,因此称为多因素方差分析。多因素方差分析不仅能够分析多个因素对观测变量的独立影响,更能够分析多个控制因素的交互作用能否对观测变量的分布产生显著影响,进而最终找到利于观测变量的最优组合。

例如,分析不同林龄、气候条件、林分类型对森林生物量的影响时,可将森林生物量作为观测变量,林龄、气候条件、林分类型作为控制变量,利用多因素方差分析方法,研究不同林龄、气候条件、林分类型是如何影响森林生物量的,并进一步研究哪个林龄、哪种气候条件和哪种林分类型的森林生物量最高。

1.6.5 回归和相关

回归和相关(regression and correlation)是用来分析两组或两组以上实验数据之间相关关系的两种常用的统计学方法。生态学研究中经常会遇到两个不同变量密切关联的情况,一个变量发生变化,另一个也会发生相应的变化,如树木的年龄与树干的直径等。变量间的关系有两类,一类变量间存在着完全确定性的关系,可以用精确的数学表达式来表示。如正方形的面积(S)与边长(a)的关系可以表达为:$S=a^2$。它们之间关系明确,只要知道了其中一个变量的值,就可以精确地计算出另一个变量的值。这类关系称为函数关系。另一类变量间不存在完全的确定性关系,不能由一个或几个变量的值精确地求出另一个变量的值,但变量之间又密切关联,这类关系称为相关关系,存在相关关系的变量称为相关变量。

相关变量间的关系一般分两种：因果关系和平行关系。前者指一个变量的变化受另一个或另几个变量的影响，如植物的生长量受温度、降雨、植被类型、营养水平等因素的影响；后者变量之间互为因果或共同受到其他因素的影响，如森林生态系统中乔木、灌木、草本和凋落物生物量之间的关系。统计学上采用回归分析（regression analysis）研究存在因果关系的相关变量间的关系。表示原因的变量称为自变量，表示结果的变量称为因变量。研究"因-果"，即一个自变量与一个因变量的回归分析称为一元回归分析；研究"多因-果"，即多个自变量与一个因变量的回归分析称为多元回归分析。一元回归分析又分为直线回归分析与曲线回归分析两种；多元回归分析又分为多元线性回归分析与多元非线性回归分析两种。回归分析的任务是揭示呈因果关系的相关变量间的联系，建立它们之间的回归方程，利用所建立的回归方程，由自变量（原因）来预测、控制因变量（结果）。统计学上采用相关分析（correlation analysis）研究呈平行关系的相关变量之间的关系，对两个变量间的直线关系进行相关分析称为简单相关分析（也称为直线相关分析）；对多个变量进行相关分析时，研究一个变量与多个变量间的线性相关称为复相关分析；研究其余变量保持不变的情况下两个变量间的线性相关称为偏相关分析。应用通常的计算机统计学软件一般都可建立回归方程并进行相关分析。下面简单介绍如何建立一元直线回归方程及如何判定两个变量是否相关。

(1) 直线回归方程

假定有两个相关变量 x 和 y，通过实验或调查获得两个变量的 n 对观测值：(x_1, y_1)，(x_2, y_2)，…，(x_n, y_n)。为了直观地看出 x 和 y 间的变化趋势，将每一对观测值在平面直角坐标系描点，作出散点图，如图 1-4 所示。在此基础上根据最小二乘法得出直线回归方程（straight line regression equation）。

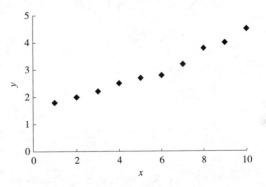

图 1-4 变量 x 与 y 相关关系散点图

从散点图可以看出：①两个变量间有关或无关，若有关，两个变量间的关系类型是直线型还是曲线型；②两个变量间直线关系的性质（是正相关还是负相关）和程度（是相关密切还是不密切）。

因此，散点图直观、定性地表示了两个变量之间的关系。

为了探讨变量之间关系的规律性，还必须根据观测值将变量间的内在关系定量地表达出来。图 1-4 中两个相关变量 y（因变量）与 x（自变量）间的关系是直线关系，这种关系可用方程表示为：

$$y = a + bx \tag{1-6}$$

式中，x 为可以观测的一般变量（也可以是可以观测的随机变量）；y 为可以观测的随机变量；b 为直线斜率，表示如 x 变化 1 个单位，y 的变化量（$b>0$，x 与 y 呈正相关；$b<0$，x 与 y 呈负相关）；a 为截距（y-intercept），表示 x 为 0 时 y 的数值。

这就是直线回归的数学模型。我们可以根据实际观测值估计 a、b 的值，根据最小二乘法求出与实际观测值拟合最好的回归直线，也就是在 xOy 直角坐标平面上所有直线中最接近散点图中全部散点的直线。这时：

$$a = \bar{y} - b\bar{x} \tag{1-7}$$

$$b = \frac{s_p}{SS_x} \tag{1-8}$$

$$s_p = \sum_{i=1}^{n}(x_i - \bar{x})(y_i - \bar{y}) \tag{1-9}$$

$$SS_x = \sum_{i=1}^{n}(x_i - \bar{x})^2 \tag{1-10}$$

（2）直线回归的显著性检验

若变量 x 和 y 之间并不存在直线关系，但由 n 对观测值 (x_i, y_i) 也可以根据上面介绍的方法求得一个回归方程：$y = a + bx$。显然，这样的回归方程所反映的两个变量间的直线关系是不真实的。如何判断直线回归方程所反映的两个变量间的直线关系的真实性呢？如果变量 x 和 y 之间存在直线关系，那么由观测值求得的直线斜率 b 应该可以代表 x 和 y 间真实的斜率关系 β，通过检测 b 的有意性，我们就能评价变量 x 和 y 之间是否确实存在直线关系。无效假设 $H_0: \beta = 0$；备择假设 $H_A: \beta \neq 0$。利用 t 检验，公式如下：

$$t = \frac{|b|}{s_b} \tag{1-11}$$

式中，S_b 为 b 的标准误差。

$$s_b = \sqrt{\frac{s^2}{SS_x}} \tag{1-12}$$

式中，SS_x 为 x 的离均差的平方和。

s^2 公式为：

$$s^2 = \frac{SS_y - \frac{s_p^2}{SS_x}}{n-2} \tag{1-13}$$

式中，SS_y 为 y 值的离均差的平方和。

查自由度为 $n-2$、$\alpha = 0.05$ 的 t 值，与计算所得 t 值比较，即可判断该直线回归方程是否有统计学意义。根据自由度 $n-2$、$\alpha = 0.05$ 的 t 值、S_b 和 b，还可以估计斜率的 95%置信区间，公式如下：

$$\beta = b \pm t s_b \tag{1-14}$$

值得注意的是，利用直线回归方程进行预测或控制时，不能随意把研究范围扩大，因为在研究的范围内两变量之间是直线关系，这并不能保证在研究范围之外两者间仍然是直线关系。若需要扩大预测和控制范围，则要有充分的理论依据或进一步的实验依据。利用直线回归方程进行预测或控制，一般只能内插，不要轻易外延。

（3）简单相关关系的检验

检验两个变量间是否相关，在于根据 x、y 的实际观测值，计算相关系数 r（表示两个相关变量 x、y 间线性相关程度和性质的统计量）并进行显著性检验。r 的计算公式如下：

$$r = \frac{s_p}{\sqrt{SS_x SS_y}} \quad (1\text{-}15)$$

相关系数 r 的有意性检验根据是判断真实的相关系数(用 ρ 表示)是否不等于 0，ρ 越大，相关性越强；ρ 等于 0，则不相关(无效假设 $H_0:\rho=0$，备择假设 $H_A:\rho\neq 0$)。t 利用检验，公式如下：

$$t = \frac{|r|}{s_r} \quad (1\text{-}16)$$

$$s_r = \sqrt{\frac{1-r^2}{n-2}} \quad (1\text{-}17)$$

查 t 值表，与自由度为 $n-2$、$\alpha=0.05$ 的 t 值比较，即可判断两个变量是否相关。

1.7 森林生态学研究报告撰写

研究报告是对研究操作过程的总结，是通过研究中的观察、分析、综合、判断，如实地把研究的全过程和研究结果用文字形式记录下来的书面材料，是展现研究成果的一种形式。撰写研究报告是科技研究工作不可缺少的重要环节，是一项重要的基本技能训练，是学习研究论文书写的基础。

1.7.1 研究目的

通过撰写研究报告，让学生熟悉撰写科研论文的基本格式，学会绘图、制表方法；学习如何应用有关理论知识和相关文献资料，对研究数据等进行整理分析，得出研究结论；培养学生独立思考、严谨求实的科学作风。

1.7.2 研究内容

研究报告应包括以下内容：①课程名称、研究题目、姓名、年级、专业、组别及研究日期；②研究目的；③研究原理；④实验器材(包括所有器材、试剂以及研究材料)；⑤方法与步骤；⑥结果与讨论；⑦心得与体会。

1.7.3 研究报告书写的基本要求

撰写研究报告是一项要求非常严格的工作，报告中的内容要坚持科学性、准确性、求实性。撰写具体要求如下：

研究目的：要明确，抓住重点，可以从理论和实践两个方面考虑。在理论上，验证定理定律，并使研究者获得深刻和系统的理解，在实践上，掌握仪器或器材的使用技能技巧。

研究原理：要写明依据何种原理、定律或操作方法进行实验研究。

实验器材：选择主要的仪器和材料填写。如能画出实验装置的结构示意图，再配以相应的文字说明更好。

方法与步骤：要写明经过哪几个具体实验操作步骤，要把实验的过程以及观察所得的变化和结果写清楚。为便于说明问题，还可以附加图表，也可用流程图说明。研究报告要简明扼要、字迹工整。

结果与讨论：从研究中测到的数据计算结果，或从图像中观察实验结果，做出结论；讨论写明对研究中的异常现象、对实验成功或失败的原因等进行分析。

心得与体会：写出研究后的心得体会，有什么新的发现和不同见解、建议等。

1.7.4 撰写研究报告的注意事项

①研究报告的书写应注意真实准确，文字简练、通顺，书写整洁，标点符号、外文缩写、单位度量等书写准确、规范。

②如实记录实验现象和数据。在实验研究时，由于观察不细致、不认真，没有及时记录，研究报告就不能准确地写出所发生的各种现象，也就不能实事求是地分析各种现象发生的原因。

③禁止修改或编造研究数据。

④说明要准确，层次要清晰。

⑤采用专业术语说明问题。

⑥严禁抄袭、复印他人的研究报告，独立完成研究报告的书写。

思考与练习

1. 运用文献检索方法，查阅国内外"土壤微生物"研究进展有关文献，撰写一篇"土壤微生物群落多样性调控机制"综述报告。

2. 请设计一项研究实验，观测某种环境因子(如温度)对森林植被生长的影响。

3. 给学生提供任意两组实验数据，指导学生运用 SPSS 统计软件进行数据处理分析。

4. 请采用"样方法"对某一森林群落调查进行，绘制种-面积曲线并分析群落组成及物种多样性特征，完成"群落调查与分析"研究报告。

第2章 森林与环境研究方法

全球变化将显著改变森林的物质环境与能量环境的性质与过程。本章旨在培养学生森林与环境相互关系研究的基本研究技能，强化光、温、水及土壤等环境因子生态作用及其森林生物对环境变化适应的基本生态学原理的认识。

2.1 林内太阳辐射、光照强度及日照时数测定

2.1.1 研究目的

熟练掌握天空辐射表测定太阳直接辐射、散射辐射及净辐射，深化森林能量平衡过程及能量环境形成的理解；掌握日照计测定光照强度的方法，了解森林群落内部光照强度变化规律；掌握日照时数及日照百分率的计算方法，了解林内光照条件。

2.1.2 研究原理

太阳总辐射指单位时间内投射到地表单位面积上的太阳辐射能量。包括太阳直接辐射和天空辐射。太阳直接辐射指以平行光的形式投射到地表单位水平面积上单位时间内的太阳辐射能；天空辐射指太阳光线经大气散射和反射后，以散射和反射光的形式到达地表单位水平面积上的单位时间内太阳辐射能。地面净辐射是指单位时间内单位面积地面所吸收与放出的辐射之差。

光照强度是指单位面积上接收的光通量，简称照度，以勒克斯（lx）为单位，$1lx = 1lm/m^2$。光照度是指在一定程度上反映植物所能选择吸收的可见光强弱。日照时数也称实照时数，是指一个地区实际受到阳光照射的时数，以小时（h）为单位，取1位小数。可照时数是指某地一天中当地面没有障碍物、云、雾、和烟尘的条件下，太阳中心从某地东方地平线到进入西方地平线，其光线照射到地面所经历的时数。某一地日照时数与可照时数的百分比，以%为单位，称为日照百分率。

$$日照百分率 = (实照时数/可照时数) \times 100\% \tag{2-1}$$

2.1.3 实验器材

（1）器材

总辐射表、直接辐射表、净辐射表、辐射记录仪、照度计、暗筒式日照计、日照

记录纸等。

(2)仪器构造

①总辐射表：又称天空辐射表，用于测量总辐射、天空散射辐射和地面反射辐射。总辐射表由感应件、玻璃罩，以及干燥器、白色挡板、底座等组成(图2-1)。感应件由感应面与热电堆组成，黑白型天空辐射表的感应面是黑白相间的锰铜片和康铜片，串联组成温差热电堆，当有太阳辐射时，黑色板面强烈吸收太阳辐射能，而白色板面几乎把能量全部反射掉，两个之间产生的温差电能与太阳辐射通量密度成正比。玻璃罩为半球形双层石英玻璃构成能透过波长 0.3~3.0μm 范围的短波辐射。

②直接辐射表：用于测量太阳直接辐射。直接辐射表由进光筒、感应件、跟踪架(赤道架)，以及底座、水准器和调整螺旋等组成(图2-2)。进光筒为一个金属圆筒。感应件由感应面与热电堆组成，当进光筒对准太阳，黑体感应面吸收太阳直射增热，使得热电堆产生温差电动势，电动势与太阳直接辐射强度成正比。跟踪架是支撑进光筒使之自动准确跟踪太阳的一种装置。

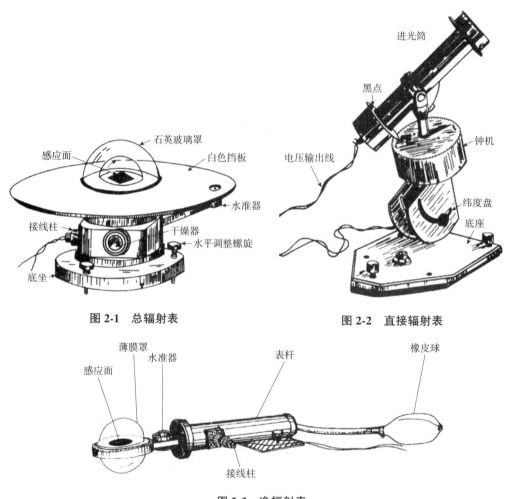

图 2-1　总辐射表　　　　　　　图 2-2　直接辐射表

图 2-3　净辐射表

③净辐射表用于测量净辐射。净辐射表由感应件、表杆、干燥器、底板、上下水准器与调节螺旋、接线柱等组成(图2-3)。净辐射表感应件也是由涂黑感应面与热电堆

组成。它有上下两个感应面，两面均能吸收波长为 0.3~100μm 全波段辐射。热电堆两端与上下两个感应面相贴。由于上下感应面吸收的辐照度不同，使得热电堆两端产生温度差异，其输出的电动势与涂黑感应面接收的辐照度差值成正比。

④照度计：为测量太阳光照度的仪器（图2-4），是利用光电效应原理制成的。照度计由感应元件和测量仪表两部分组成。感应元件是光电池，测量部分是指示电流表。当有一定光照度照射到光电池上时，便产生一定的电流，其值与照射到该光电池上的光照度成正比，故可以根据产生的电流来确定光照度。一般已将电流值换算成照度值，直接刻在电流表读数盘上。

⑤暗筒式日照计：暗筒式日照计又称乔唐式日照计，是常用的测定日照时数的仪器。暗筒式日照计由金属圆筒（底端密闭，筒口带盖，两侧各有一进光小孔，筒内附有压纸夹）、隔光板、纬度盘和支架底座等构成（图2-5）。

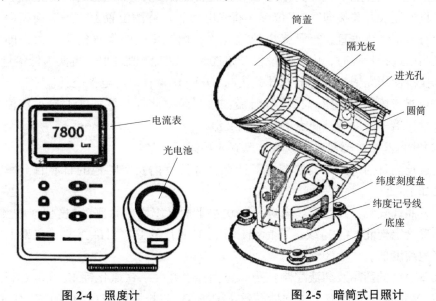

图 2-4　照度计　　　　图 2-5　暗筒式日照计

它是利用太阳光通过仪器上的小孔射入筒内，使涂有感光剂的日照纸上留下感光迹线，来计算日照时数。

2.1.4　研究步骤

（1）林内及空旷地大气辐射平衡测定

选择林内（从林缘至林地中心均匀选取3个测点）及空旷地（3个测点），采用天空辐射表、直接辐射表，以及净辐射表测定太阳总辐射、太阳直接辐射及净辐射的日变化。

①辐射仪表安装：根据观测需要，辐射仪表安装应水平、牢固地安装在专用的台柱（离地面约1.5m）上，再将其与辐射记录仪相连，用导线与接线柱、记录仪表连接，接线时，要注意正负极。

②记录日光状况：观测太阳辐射之前应记录日光状况（云遮日光的程度），可记录为：a. 无云；b. 薄云，影子明显；c. 密云，影子模糊；d. 厚云，无影子。

③总辐射的观测：应在日出前把金属盖打开，辐射表就开始感应，记录仪自动显

示总辐射的瞬时值和累计总量。日落后停止观测,并加盖。若夜间无降水或无其他可能损坏仪器的现象发生,总辐射表也可不加盖。直接辐射的观测还应注意直接辐射表进光筒必须对准太阳观测。净辐射表的观测,需要白天和夜间(即全天)观测。记录仪显示的是瞬时值、时累计量和0~24小时日总量,一般白天显示正值,夜间为负值。

④研究结果记录:采集器要求每分钟输出采样值,实际为1min均匀采多次(6次)加以平均,辐射记录仪自动记录辐射表的电压值,计算辐射量的辐照度等。将计算机与辐射记录仪相连,获取观测数据。

(2)林内及空旷地光照强度测定

选择林内(从林缘至林地中心均匀选取3个测点)及空旷地(3个测点),采用照度计与紫外线照度计测定光照强度与紫外光照强度的日变化,具体测定方法如下:

①正确连接感应元件和测量仪表,将接收插头插入仪表输入插口,接收器置于被测点。

②将电流表开关拨向"ON"位置。将光电池放在待测位置上,感应面朝向一般选择向上或与太阳光线垂直,打开光电池遮光罩,选择相应的量程倍率开关,即可开始观测。观测中选择量程时,应从高量程开始选起,如观测值过小,再换为低倍量程。

③仪器使用完毕,应将电源开关拨向"OFF"位置,以防电池空耗。

④观测与读数的确定。在读数时需注意单位。此外,显示屏上显示数值,应乘上相应的量程倍率,即为被测点的光照强度值。

(3)林内及空旷地实照时数及日照百分率测定

通过观测日的日照时数的测定,计算森林群落内及空旷地的日照百分率,具体测定方法如下:

①日照计安装:在观测场内选择一块水平而又牢固的台座(高度便于观测),座面上要精确测定南北(子午)线,并标出标记。日照计的筒口对准正北,支架上的纬度线对准当地纬度值。

②日照纸的药品及药液配制:药品包括赤血盐——铁氰化钾$K_3[Fe(CN)_6]$、枸橼酸铁铵[又称柠檬酸铁铵,是枸橼酸铁$FeC_6H_5O_7$与枸橼酸铵$(NH_4)_3C_6H_5O_7$的复盐]。药液配制:将枸橼酸铁铵与水按照3∶10的比例配制成溶液,作为感光药液;将赤血盐与水按照1∶10的比例配成溶液,作为显影药液。

③涂药方法:涂药可采用混合涂药和两步涂药两种方法。混合涂药法是将已配制好的两种药液,等量混在一起,搅匀,进行涂刷;两步涂药法是先将已配制好的枸橼酸铁铵药液,涂在日照纸上,阴干后供逐日使用。每天换下日照纸后,再在感光迹线处用脱脂棉涂上赤血盐药液,便可显出蓝色的迹线。

④换纸:每日在日落后换纸,即使是全日阴雨,无日照记录,也应照常换纸。上纸时,注意使纸上10时线对准筒口的白线,14时线对准筒底的白线;纸上两个圆孔对准两个进光孔,压纸夹交叉处向上,将纸压紧,盖好筒盖。

⑤观测与数据记录:按照实验步骤换下日照纸后,应依照感光迹线的长短,在其下描画铅笔线(图2-6)。然后,将日照纸放入足量的清水中浸漂3~5min拿出;待阴干后,再复验感光迹线与铅笔线是否一致。如感光迹线比铅笔线长,则应补上这一段铅笔线,然后按铅笔线计算各时日照时数以及全天的日照时数,精确到0.1h。如果全天无日照,日照时数记0.0h。

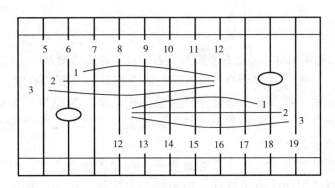

图 2-6 日照纸感光迹线图

2.1.5 结果与分析

将太阳总辐射、直接辐射、净辐射、光照强度、紫外光照强度观测数据录入表2-1,求平均值。分析森林群落内及空旷地太阳总辐射、直接辐射、散射辐射(散射辐射为太阳总辐射减去直接辐射)、净辐射的日变化;森林群落内及空旷地光照强度和紫外线光照强度的日变化;特定时间的日照时数及日照百分率。

表 2-1 太阳辐射、光照强度、日照时数的时间变化情况

参 数	重复	9:00		10:00		11:00		12:00		…	
		林内	空旷地	林内	空旷地	林内	空旷地	林内	空旷地	林业	空旷地
总辐射 (W/m^2)	1										
	2										
	3										
直接辐射 (W/m^2)	1										
	2										
	3										
散射辐射 (W/m^2)	1										
	2										
	3										
净辐射 (W/m^2)	1										
	2										
	3										
光照强度 (lx)	1										
	2										
	3										
紫外光照强度 (lx)	1										
	2										
	3										
日照时数(h/d)											

2.1.6 注意事项

①太阳辐射仪器使用时,应检查干燥剂是否有效,若失效要及时更换新干燥剂;搬运辐射表前,干燥剂应倒空,并擦干净;玻璃罩破裂时换新后,应重新检定,确定换算系数。

②照度计是精密仪器,在携带使用或运输途中均需避免剧烈震动;使用照度计时应注意防止光电池老化,不要让光电池长时间暴露在光线,尤其是强光下,不测量时应盖上遮光罩或置于遮光处。

③暗筒式日照计换纸时应注意检查进光孔,确保无杂物堵塞,如有杂物则用细针将其剔除;日照纸所用药品质量好坏,以及涂药方法是否得当,是造成该仪器测量误差的主要原因。涂药时,应在暗处用脱脂棉蘸药液,薄而均匀地涂在日照纸上。涂好药的日照纸,应严防感光。涂药后,用具应洗净,用过的脱脂棉不可再用。

2.2 大气降水、林冠截留与树干茎流测定

2.2.1 研究目的

水是森林生态系统物质循环与能量流动的物质载体,林冠截留能够改变大气降水的再分配过程,通过本研究深化森林水分循环及平衡过程的理解;掌握大气降水、林冠截留与树干流测定方法,加深森林对降水再分配影响的理解。

2.2.2 研究原理

大气降水指从天空降落到地面上的液态或固态的降水,未经蒸发、渗透、流失而在水平面上积聚的水层深度(mm)。单位时间内的降水量,称为降水强度(mm/d 或 mm/h)。大气降水量采用自记式或非自记式雨量器测定,本实验可采用雨量器和虹吸式雨量计进行测定。大气降水通过树冠对雨水的再分配过程,形成穿透雨量、树干茎流(树干流量)和林冠截留。树干茎流是指大气降水经林冠时,由林冠枝叶汇集到树干,再沿树干流下的那部分水量。通常采用标准木法,利用集水槽导管装置收集树干茎流测算其树干净茎流流量,再根据其树冠投影面积,换算出每个径级树干茎流流量,收集各树径级测得的流量换算成树干茎流。

林冠截留是指在降水过程中,部分水分被森林乔木、灌木、草本等地表植被接收并直接蒸发,未进入土壤的那部分降水。一般采用林外雨量(大气降水)减去林内穿透雨量和树干茎流的雨量。截留雨量占林外雨量百分比称为林冠截留率。

林冠截留可用下列公式计算:

$$I = P - (T - S) \tag{2-2}$$

式中,I 为林冠截留(mm);P 为林外雨量(mm);T 为林内穿透雨量(mm);S 为树干茎流(mm)。

2.2.3 实验器材

(1)器材准备

雨量器、虹吸式雨量计、集水槽导管(聚乙烯或胶皮管)、集水桶、自记雨量计。

(2)仪器构造

雨量器可测定某一定时间内的降水量(如日降水量)及固态降水的降水量,其为一金属圆筒,目前我国所用的筒口直径是20cm的雨量器。雨量器包括承水器、漏斗、储水筒、储水瓶,并配有与其口径成比例的专用量杯(图2-7)。漏斗口是正圆形,器口为内直外斜的刀刃形,防止雨水溅入。雨量杯是一个特制的玻璃杯,刻度为0~10mm或0~20mm,每小格代表0.1mm降水量,每大格为1.0mm。

虹吸式雨量计能连续记录液体降水量和降水时数。筒口直径一般为20cm。该仪器由承水器、浮子室、自记钟、虹吸管等组成(图2-8)。当雨水通过承水器进入浮子室后,浮子和笔杆即随水面升高而上升。下雨时随着浮子室内水集聚的快慢,笔尖就在自记纸上记录出相应的曲线,从而表示出降水量、降水时间和降水强度。当笔尖达到自记纸上限(一般相当10mm或20mm的降水量)时,浮子室内的水从左侧虹吸管排出,流入管下的标准容器中,笔尖立即落到零线上。若仍有降水,笔尖又随之升高;若降水停止,笔尖停止上升,自记线条为水平线;降水强度越大,自记线条的坡度则越大。

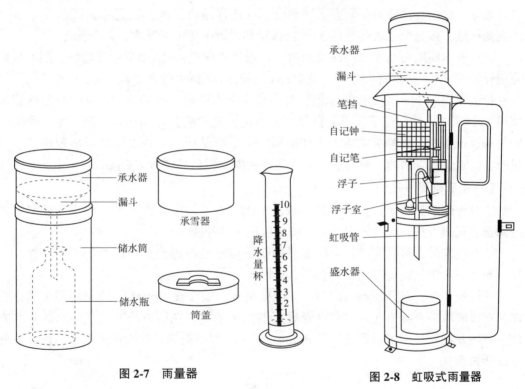

图2-7 雨量器   图2-8 虹吸式雨量器

2.2.4 研究步骤

(1)大气降雨量测定

①仪器安装:雨量器安装在空旷地内固定的架子上,器口保持水平,口沿距地面高度为70cm。冬季当雪深超过30cm时,应把雨量筒移至备份架上进行观测,使口沿距地面高度为1.0~1.2m。降雪时,要求取走漏斗和贮水瓶,直接用外筒接纳降水。

虹吸式雨量计安装时承水器口离地面的高度以仪器自身高度为准,器口应水平,并以三根纤绳拉紧。安装中先把雨量计外壳放在埋入土中的木桩或水泥底座上,固定住,然后安装内部机体。先安装浮子室,再安装自记钟,接上虹吸管,笔尖上好墨水,在虹吸管下放置盛水器。

②观测与记录:雨量器的降水量于每天 20:00 时进行观测。观测过程:将贮水瓶收集的水倒入量杯内观测读数,并记录。如果降水量不足 0.05mm 或观测前确有微量降水,但在观测时已蒸发,则降水量应记为 0.0mm;如果无降水时,降水量则不作记录;如果为固态降水,则将固体降水取回室内用台秤称量,或待固体降水完全融化后,再用量杯量取记录。

虹吸式雨量计观测过程中,凡即降即融的固态降水,仍照常读数和记录,否则,应将承水器加盖,停止使用虹吸式雨量计,待有液态降水时再恢复记录。无降水时,自记纸可连续使用 8~10d;一日内有降水,降水量大于等于 0.1mm 时,必须换纸,记录开始和终止的两端须作时间记号。

(2) 树干茎流测定

选择一块能够代表整个研究区域林分情况的样地研究区,设定实验面积为 $A(m^2)$ 的观测样地,按每个径级各选择 3~5 株树形和树冠中等的标准木,贴上标志。

在标准木距地面 0.5~1.3m 处的树干上选择树皮光滑处(如果树皮粗糙,用刀具修除粗糙的周皮),用高密不透水直径 25mm 的胶皮管(集水槽导管),在其总长的 2/3 剖开后铲去管周的 1/3~1/2 做导水槽,其余留做导水圆管。然后以 30°~60°角把槽管围绕树干 2~3 圈,并用钉子往树上钉紧。为防止树皮和槽管之间出现空隙漏水,须涂抹密封胶进行密封。圆管末端插入到计量桶或自记雨量计上。每次降雨后出现树干茎流量时,雨水进入管槽内,顺着管子流入集水桶内,测量其流量 C_i(mL)。

(3) 林冠截留测定

①林外降水量测定:在研究区林外空旷地,安装虹吸式雨量计,用于连续测定林外降水,观测方法同大气降水测定,测定后记录林外降水量 P。

②林内穿透雨量测定:林下降水量的观测应首先考虑到林下降水的不均匀性,所以要布置多个雨量筒(或虹吸式自记雨量计)。

实际操作中,对于较均一的林分,根据经验一般布设 10~15 个雨量筒即可满足要求。布设时既要有随机性,又要注意林冠的郁闭情况。观测方法同大气降水的观测方法,观测并记录每个雨量器的雨量 R_i(mm)下来,并根据测量结果用算术平均法计算林下穿透雨量。

$$T = \frac{1}{n}\sum_{i=1}^{n} R_i \tag{2-3}$$

式中,T 为林下穿透雨量(mm);n 为雨量筒数量;R_i 为每个雨量筒测定的雨量(mm)。

将林外降水量 P、林内穿透雨量 T,以及树干流量测出来后,再计算林冠截留。

2.2.5 结果与分析

将树干茎流的相关观测数据录入表 2-2,求平均值。树干茎流采用式(2-4)进行计算。

$$S = \sum_{i=1}^{N} \frac{C_i \times M_i}{A \times 10^3} \tag{2-4}$$

式中，S 为树干茎流（mm）；N 为树干径级数；C_i 为每一径级的单株树干茎流（mL）；M_i 为每个径级的树木株数；A 为样地面积（m²）。

表 2-2 树干茎流记录表

径级 1						样地面积 A(m²)
标准木	1	2	3	4	5	
流量 C_i(mL)						
径级 2						
标准木	1	2	3	4	5	
流量 C_i(mL)						
径级 3						
标准木	1	2	3	4	5	
流量 C_i(mL)						
径级 i						
标准木						
流量 C_i(mL)						

再将林外降雨量（大气降水）和林内穿透雨量的观测数据，以及树干茎流录入表 2-3，根据上述公式计算林冠截留量并录入表 2-3 中，分析森林群落内穿透雨量、林冠截留与树干茎流的日变化。

表 2-3 林外降水、林内降水、林冠截留记录表

参 数	林内雨量筒序号											平均
	1	2	3	4	5	6	7	8	9	10	…	
林内穿透雨量(mm)												
林外降雨量(mm)												
树干茎流(mm)												
林冠截留(mm)												

2.2.6 注意事项

①在炎热、干燥的季节测定大气降水时，为避免蒸发速率过快而影响雨量器记录，降水停止后，应及时进行补充观测。

②树干茎流测定时，应根据所测树的直径和树种选择管径和量水桶容量，管径一般为 2~3cm，量水桶容积为 5~20L，管长应为所测树干圆周的 3.5 倍。

③采用雨量器对林内穿透雨量的观测时，需在降雨后及时观测记录，以免雨量蒸发而导致测量结果偏小。布设雨量器时，应根据样地面积确定布设数量，以减少测量误差。

2.3 林内空气温湿度和土壤温度测定

2.3.1 研究目的

掌握大气与土壤温度与湿度测量仪器的使用方法，对森林群落内部大气温度以及土壤温度进行测定；通过林内及空旷地温湿度条件的比较，认识森林群落在改造环境微气候中的作用。

2.3.2 研究原理

空气温度是表示空气冷热程度的物理量，简称气温，以摄氏度（℃）为单位，一般测定中读数精确到 0.1℃。地面观测中测定的气温通常是离地面 1.50m 高度处的气温。一定时段内气温有最高值和最低值。常用的有日最高气温、日最低气温、年极端最高气温和年极端最低气温等。空气湿度是表征空气中水分含量多少或潮湿程度的物理量，常用的物理量包括水汽压，即表征空气中水汽的分压强（hPa），以及相对湿度，即实际水汽压与同温度下的饱和水汽压的百分比（%）等。土壤温度有时也简称土温（地温），经常用到的土壤温度有地表温度（地表 0cm 的土壤的温度）、浅层土温（5cm、10cm、15cm、20cm 深层的土壤的温度）、深层土温（通常为 40cm、80cm、160cm、320cm 深度的土壤温度）。

2.3.3 实验器材

(1) 仪器准备

干湿球温度表、通风干湿表、最高温度表、最低温度表、百叶箱、地面普通温度表、地面最高温度表、地面最低温度表、曲管地温表、直管地温表。

(2) 仪器构造

普通温度表的基本构造由感应球部、毛细管、刻度磁板、外套、测温液体（水银、酒精）组成。液体温度表均是利用液体热胀冷缩的性质制造的，常用水银和乙醇作为测温液体。除普通干湿球温度表的分度值为 0.2℃ 外，其他温度表的分度值为 0.5℃。

空气温度和湿度采用干湿球温度表进行观测，其中干球温度为空气温度（有时也采用通风干湿表进行观测）；最高温度表可观测一段时间内出现的最高气温值；最低温度表可观测一定时间内出现的最低气温值。

地面温度表 1 套 3 支，其中地面普通温度表可观测地表温度，地面最高温度表、地面最低温度表则可以分别观测地面最高温度和地面最低温度。曲管地温表 1 套 4 支，用于测量浅层土壤温度，测量土壤的深度越深，表身越长；表身靠近感应球部处弯曲折角呈 135°。玻璃套管下部先用石棉灰充填，再用棉花堵塞和火漆固定，以防止玻璃管内空气的对流。直管地温表 1 套 4 支，用于测量深层土壤的温度，长度视所测深度而定。

2.3.4 研究步骤

(1)林内及空旷地大气温湿度测定

选择林内(从林缘至林地中心均匀选取3个测点)及空旷地(3个测点),采用大气温度计及空气湿度测定仪器测定大气温湿度的日变化。

①气温度表都安置在百叶箱(防止太阳直接照射,防止强风、雨淋、雪盖,并能使空气自由流通的保护装置)内,并使各温度表球部离地面1.5m放置观测。用通风干湿表观测时将通风干湿表直接挂在选定的观测点测定即可(感应部分保持离地1.5m高度)。

②干湿球温度表每天定时观测,最高和最低温度每天20:00时观测。读数时,视线应该与毛细管水银或者酒精的顶端(凹)齐平,先读小数,后读整数,精确到小数点后1位。读取最低温度时,视线应平直地对准蓝色哑铃状游标远离感应球部的一端。观测最高温度表酒精柱时,视线应平直地对准酒精顶端凹面中心点的位置。

③数据记录与处理:由于温度表的制造材料、技术和测温液体日久变化等原因,通常都存在仪器误差,称为器差。每支温度表在出厂之前都要经过专业部门的重新定检,得出器差校正值,列在温度表的鉴定证上。

$$实际值 = 读数值 + 器差(校正值) \tag{2-5}$$

例如:某次观测温度表读数为21.5℃,求实际温度值,已知查该温度表的器差为-0.1℃。

$$实际温度 = 21.5 + (-0.1) = 21.4℃ \tag{2-6}$$

(2)林内及空旷地土壤温度测定

选择林内(从林缘至林地中心均匀选取3个测点)及空旷地(3个测点),采用地面温度计表、曲管地温表、直管地温表测定土壤温度的日变化。

①地面温度表、曲管地温表安装在观测点面积为2m×4m的疏松平整裸地上。地面3支温度表水平安放在地面上,从北向南依次为地面普通温度表、地面最低温度表和地面最高温度表,表间间隔5cm,感应球朝东,表身1/2埋入土中,另1/2露出地面。曲管地温表按照从浅到深的顺序由东向西排列布置,感应球朝北,表身与地面呈45°夹角,彼此间隔10cm;直管地温表,按照从东向西、由浅入深(40cm、80cm、160cm、320cm)的顺序排列布置,彼此间隔50cm。外管露出地面部分须用牵绳固定。直管地温表安装在面积为3m×4m的疏松平整裸地中部排成一行,自东向西,由浅而深,表间相隔50cm。

②普通地温表每天定时观测,地面最高温度表、最低温度表在20:00时观测。

③数据记录与处理。土壤温度观测结束后,仍需要对读数进行器差校正,校正方法与气温校正方法类似,查阅仪表鉴定表,对观测数据进行器差校正。

2.3.5 结果与分析

将大气温度、干(湿)球温度、土壤温度、空气湿度等数据填入表2-4,分析森林群落内及空旷地空气温湿度、地表温度和土壤温度随时间的变化特征。

表 2-4 大气温度、土壤温度、空气湿度的时间变化情况

参数	指标	9:00		10:00		11:00		12:00		...	
		林内	空旷地	林内	空旷地	林内	空旷地	林内	空旷地	林内	空旷地
大气温度（℃）	普通										
	最高										
	最低										
地表温度（℃）	普通										
	最高										
	最低										
浅层土壤温度（℃）	5cm										
	10cm										
	15cm										
	20cm										
深层土壤温度（℃）	40cm										
	80cm										
	160cm										
	320cm										
空气湿度	水汽压(hPa)										
	相对湿度(%)										

根据干、湿球温度表的测定值，采用式(2-7)和(2-8)计算水汽压和相对湿度。

$$e = E' - AP(t - t') \tag{2-7}$$

式中，e 为水汽压；E' 为湿球温度饱和水汽压；A 为干湿表测湿系数（如球状百叶箱干湿表为 $0.000857℃^{-1}$）；P 为大气压；t 为干球温度；t' 为湿球温度。

$$f = \frac{e}{E} \times 100\% \tag{2-8}$$

式中，f 为相对湿度；e 为水汽压；E 为干球温度饱和水汽压。

2.3.6 注意事项

①空气和地表的最高、最低温度表观测一个周期后需要进行调整。最高温度表的调整：用手握住温度表表身中部，感应球部向下，手臂伸直，稍离身体将温度表前后甩动，直到毛细管水银柱的示数接近普通温度表，放置时，应先放感应球部，后放表身；最低温度表的调整：将温度表感应部分向上抬起，表身倾斜使游标滑动到毛细管乙醇柱的顶端，放置时，先放表身，后放感应球部。

②在高温季节，最低温度表在 8:00 时观测，观测后将地面温度表收回，放在阴凉处或室内，以防爆裂，20:00 时再放回原处，但在出现雷雨天气时应及时将最低温度表放回原处。在冬季地面积雪时，应将温度表从雪中取出，水平放在未被破坏的雪面上，对雪面温度进行测定。

2.4 土壤水分、pH 值及有机质测定

2.4.1 研究目的

土壤水分和土壤养分是土壤的重要组成部分。通过研究使学生掌握土壤水分、pH 值与有机质的测定方法,并能够利用测定数据指导森林生产。

2.4.2 研究原理

土壤水分是土壤肥力四大因子之一,不同土壤其水分含量有所不同,通常野外采集的土壤样品,可进行新鲜土壤样品的自然含水率测定,以及风干后土壤样品的吸湿水含量测定。土壤水分可分为分子内部结合水、分子间的吸湿水和可供植物吸收利用的自由水三类。结合水要在 600~700℃ 的高温下才可除去,而由于分子间引力所吸附的吸湿水,在 105℃±2℃ 的温度下即可转变为气态水而除去;对有机质含量较高的土壤,为避免高温导致有机质碳化,可用减压低温法(70~80℃,<20mmHg),根据土样在烘烤时失去的重量,即可计算土壤吸湿水量。

土壤自然含水量是新鲜土壤样品的实际含水量,即对野外采集的土壤样品含水率进行的及时测定,它包括土壤孔隙中全部自由水和吸湿水,常见的有乙醇燃烧法、烘箱法等测定。风干土样的吸湿水含量则可采用烘箱法测定。

土壤里含有许多有机酸、无机酸、碱以及盐类等物质,各种物质的含量不同,使土壤显示出不同的酸碱性。土壤的酸碱性可以用酸度表示,即用 pH 值表示土壤的酸碱性。土壤 pH 值分为水浸 pH 值和盐浸 pH 值,前者是用蒸馏水浸提土壤测定的 pH 值,代表土壤的活性酸度(碱度),后者是用某种盐溶液(1mol/L KCl 或 0.5mol/L $CaCl_2$)浸提测定的 pH 值,大体上反映土壤的潜在酸度,盐浸 pH 值较水浸 pH 值低。

土壤 pH 值的测定方法包括电位法和比色法。电位法测定土壤悬浊液 pH 值时,常用玻璃电极为指示电极,甘汞电极为参比电极。当玻璃电极和甘汞电极插入土壤悬浊液时,构成电池反应,两者之间产生一个电位差,由于参比电极的电位是固定的,因而该电位差值取决于试液中的氢离子浓度,氢离子浓度在 pH 计上用它的负对数值 pH 表示,可直接读出 pH 值。电位法的精确度较高,pH 值误差约为 0.02 单位,现已成为室内测定的常规方法。野外速测也可用试纸比色法,其精确度较差,pH 值误差在 0.5 左右。

有机质是土壤极其重要的组成部分,是植物营养的主要来源,它影响土壤的物理、化学和生物学性质,土壤有机质的含量反映着土壤的肥力状况,它是土壤肥力的重要标志。

测定土壤有机质的方法很多,主要有容量法、重量法和比色法等。容量法也称为湿烧法,即重铬酸钾容量法,是目前普遍使用的分析方法。重铬酸钾容量法的研究原理为:在外加热源的条件下,用一定量过量的标准重铬酸钾-硫酸溶液氧化土壤有机质(碳),剩余的重铬酸钾用标准硫酸亚铁(或硫酸亚铁铵)来滴定。由消耗的重铬酸钾量计算有机碳的含量,再间接计算有机质的含量。

$$2K_2Cr_2O_7+8H_2SO_4+3C=2K_2SO_4+2Cr_2(SO_4)_3+3CO_2+8H_2O \tag{2-9}$$
$$K_2Cr_2O_7+6FeSO_4+7H_2SO_4=K_2SO_4+Cr_2(SO_4)_3+3Fe_2(SO_4)_3+7H_2O \tag{2-10}$$

2.4.3 实验器材

(1) 材料准备

秤皿、烘箱、干燥箱、分析天平、普通天平、95%乙醇、玻棒、火柴、pH 酸度计(PHS-3C, PHS-4C 型)、复合玻璃电极、高型小烧杯(50mL)、量筒(25mL)、天平(感量0.01g)、洗瓶、玻璃棒、滤纸、温度计、孔筛以及试剂、油浴消化装置(包括油浴锅和铁丝笼)、矿物油或植物油、可调温电炉、分析天平、硬质试管、温度计(0~300℃)、秒表、酸式滴定管、洗瓶、三角瓶、小漏斗、试剂等。

(2) 试剂配制

pH 值 4.01 标准缓冲溶液:称取在 105℃烘烤过的邻苯二甲酸氢钾($KHC_8H_4O_4$,分析纯)10.21g,用蒸馏水溶解后定容至 1L。

pH 值 6.87 标准缓冲溶液:称取在 105℃烘烤过的磷酸二氢钾(KH_2PO_4,分析纯)3.39g 和无水磷酸氢二钠(Na_2HPO_4,分析纯)3.53g,溶于蒸馏水后定容至 1L。

pH 值 9.18 标准缓冲溶液:称取硼砂($Na_2B_4O_7 \cdot 10H_2O$,分析纯)3.80g 溶于无 CO_2 的冷蒸馏水中,定容至 1L。此溶液的 pH 值易变化,应注意保存。

氯化钾溶液[$c(KCl)=1.0$mol/L],称取氯化钾(KCl,分析纯)74.6g 溶于 400~500mL 蒸馏水中,用 10% KOH 或 HCl,调节 pH 值至 5.5~6.0,定容至 1L。

0.8mol/L(1/6 $K_2Cr_2O_7$)标准溶液:称取经 130℃烘 3h 的 $K_2Cr_2O_7$(分析纯)39.2245g,溶于蒸馏水中,定容至 1000mL,贮于试剂瓶中备用。

0.2mol/L $FeSO_4$ 溶液:称取 $FeSO_4 \cdot 7H_2O$ 56.0g 溶于蒸馏水中,加浓硫酸 5mL,加水稀释至 1000mL,此溶液需在用前用 0.1mol/L $K_2Cr_2O_7$(1/6 $K_2Cr_2O_7$)溶液标定。

0.1mol/L $K_2Cr_2O_7$(1/6 $K_2Cr_2O_7$)标准溶液:准确称取经 130℃下烘 3h 的 $K_2Cr_2O_7$ 4.9033g,溶于少量蒸馏水中,缓慢加入 70mL 浓 H_2SO_4,冷却后定容至 1000mL。

邻菲罗啉指示剂:称取邻菲罗啉($C_{12}H_8N_2$)1.485g 和 $FeSO_4 \cdot 7H_2O$ 0.695g 溶于 100mL 蒸馏水中,贮于棕色瓶内。

标定 $FeSO_4$ 溶液:吸取 0.1mol/L $K_2Cr_2O_7$(1/6 $K_2Cr_2O_7$)标准溶液 20.00mL 放入三角瓶中,加入 2 滴邻菲罗啉指示剂,用 $FeSO_4$ 溶液滴定,计算 $FeSO_4$ 溶液的浓度 c(mol/L)。由于 Fe^{2+} 溶液的浓度容易改变,用时必须当天标定。

2.4.4 研究步骤

(1) 森林土壤水分的测定

自然含水量的测定:乙醇燃烧法,利用乙醇在土壤中燃烧,使其水分蒸发,由燃烧前后的质量变化算出土壤含水率。即新鲜土壤剔除肉眼可见的砾石,称取 10g 土样(精确至 0.01g)放入已编号并称重的铝盒中。加入适量乙醇至土样浸透,点火燃烧至火焰自然熄灭,反复连续燃烧 2~3 次,即可使其接近恒重。亦可采用下段的烘箱法测定,烘箱法的精度较燃烧法高。

风干土吸湿水的测定:烘箱法,将秤皿编号并洗净,连盖置于 105~110℃烘箱内烘烤 0.5h，取出置于干燥器内冷却后，连盖在分析天平上准确称重（精确至 0.0001g），得 W_1。将预先称的 5~10g 过 1mm 孔筛土样平铺于秤皿中，再准确称重，得 W_2，揭盖移入已加热至 105~110℃ 的烘箱内，烘烤 8h，取出置于干燥器中，冷却至室温立即精确称重，得 W_3，再揭盖放入烘箱中烘烤 3h（此过程可多次重复）后取出冷却称重，得 W_4，当 W_3 与 W_4 两次称量值之小于 3mg 时，即视为达到恒重。

(2) 森林土壤 pH 值测定

取样：称取通过 1mm 筛孔的风干土 10g 两份，各放在 50mL 的烧杯中。

处理：一份加无 CO_2 蒸馏水，另一份加 1mol/L KCl 溶液各 25mL（此时土水比为 1：2.5，含有机质的土壤改为 1：5），间歇搅拌 1~2min，使土体完全分散，放置 20~30min 后用校正过的酸度计进行测定，此时应避免空气中氨或挥发性酸性气体等的影响。

仪器校正：测定土壤悬液 pH 值时，须先用已知 pH 值的标准缓冲溶液调整酸度计。酸碱度不同的土壤，选用 pH 值不同的标准缓冲液，酸性土壤用 pH 值 4.01，中性土壤用 pH 值 6.87 和 pH 值 9.18 进行调整。把电极插入与土壤浸提液 pH 值接近的标准缓冲溶液中，使仪器标度上的 pH 值与标准溶液的 pH 值相一致。然后移出电极，用水冲洗、滤纸吸干后插入另一标准缓冲溶液中，检查仪器的读数。最后移出电极、用水冲洗、滤纸吸干后待用。

测定：把玻璃电极球部浸入土样的上清液中，待读数稳定后，记录待测液 pH 值。每个样品测完后，立即用蒸馏水冲洗电极，并用干滤纸将水吸干再测定下一个样品。

当上述测定的 pH<7.0 时，再以相同的水土比，用 1.0mol/L KCl 溶液浸提，按上述步骤测定土壤代换性酸度。

(3) 森林土壤有机质测定

称样：准确称取通过 0.25mm 筛孔的风干土样 0.1~1.0g（精确至 0.0001g），用一光滑纸条将土样放入干燥的硬质试管底部，用滴定管准确加入 0.8mol/L（1/6 $K_2Cr_2O_7$）溶液 5.00mL，然后再加入浓硫酸 5.00mL，摇动试管使土液充分混匀，切勿使土壤沾染试管上部。

消化：将 8~10 个试管置于铁丝笼中（每笼中均有 2~3 个空白），放入温度为 185~190℃ 的油浴锅中，控制油浴锅内温度始终维持在 170~180℃，当试管内容物开始沸腾（发生气泡）时，计时煮沸 5min，取出试管，稍冷后擦净试管外部油液。

冷却后，将试管内容物倒入 250mL 三角瓶中，用蒸馏水少量多次洗净试管内部及小漏斗，冲洗液同样倾入三角瓶，控制三角瓶内溶液总体积为 60~70mL，保持混合液中（$1/2H_2SO_4$）浓度为 2~3mol/L，然后加入邻菲罗啉指示剂 2 滴，此时溶液呈棕红色。以 $FeSO_4$ 滴定三角瓶内的混合溶液，溶液的变色过程中由橙黄→蓝绿→棕红色即为终点。记取 $FeSO_4$ 滴定体积 V(mL)。

每一批样品测定的同时，进行 2~3 个空白实验，即取少许二氧化硅代替土样，其他操作与试样测定相同。记取 $FeSO_4$ 滴定体积 V_0(mL)，取其平均值。

2.4.5 结果与分析

将森林土壤自然含水量实验数据结果记录于表 2-5 中，分析森林土壤自然含水的特征。土壤自然含水率根据下式进行计算：

$$\text{土壤自然含水率}(\%) = \frac{\text{燃失质量}(g)}{\text{土样质量}(g) - \text{燃失质量}(g)} \times 100\% \tag{2-11}$$

式中，燃失质量指乙醇燃烧而失去的质量；土样质量指新鲜土壤取样质量。

表 2-5 土壤自然含水量研究记录

土样名称：　　　　　　　　采集地点：　　　　　　　　土层深度：
测定时间：　　　　　　　　测　定　人：

项目	重复 1	重复 2	重复 3	备注
铝盒编号				
铝盒质量(g)				
铝盒+自然土质量(g)				
铝盒+烧干土质量(g)				
燃失质量(g)				
自然含水率(%)				
平均值(%)				

表 2-6 风干土吸湿水研究记录

土样名称：　　　　　　　　采集地点：　　　　　　　　土层深度：
测定时间：　　　　　　　　测　定　人：

项目	重复 1	重复 2	重复 3	备注
秤皿编号				
秤皿重 W_1(g)				
秤皿+风干土重 W_2(g)				
秤皿+烘干土重 W_3(g)				
秤皿+烘干土重 W_4(g)				$\lvert W_3 - W_4 \rvert < 0.003 g$
吸湿水含量(%)				
吸湿水含量平均值(%)				
风干土与烘干土换算系数 K				

将风干土吸湿水实验结果记录于表 2-6 中，分析森林风干土吸湿水的特征。其中，以烘干土(或干土)为分母的土壤吸湿水含量，和以风干土(或鲜土)为分母的土壤吸湿水含量，二者是不同的，但均可用于计算风干土与烘干土的换算系数(K 值)，即以烘干土壤为基础的土壤吸湿水含量为：

$$W_{\text{烘}}(\%) = \frac{W_2 - W_3}{W_3 - W_1} \times 100\% \tag{2-12}$$

以风干或自然湿土为基础的土壤吸湿水含量为：

$$W_风(\%) = \frac{W_2 - W_3}{W_3 - W_1} \times 100\% \tag{2-13}$$

风干土与烘干土的换算系数为：

$$K = \frac{1}{1 + W_烘(\%)} = 1 - W_风(\%) \tag{2-14}$$

风干土与烘干土的换算公式：

$$烘干土 = 风干土 \times K \tag{2-15}$$

将森林土壤 pH 值分析结果记录于表 2-7 中，并根据表 2-8 诊断出土样的酸碱性。

表 2-7　土壤 pH 值测定结果记录表

土样名称：　　　　　　采集地点：　　　　　　层次深度：
测定时间：　　　　　　测 定 人：

项　目	重复次数		
	1	2	3
称样质量(g)			
读　数			
平均值			
pH 值			
相对误差			

表 2-8　土壤酸碱性诊断指标

土壤酸碱度(pH 值)	<4.6	4.6~5.5	5.6~6.5	6.6~7.4	7.5~8.5	>8.5
级　别	强酸性	酸性	弱酸性	中性	碱性	强碱性

将土壤有机碳测定研究结果记录于表 2-9 中，并分析森林土壤有机质的特征。土壤有机碳和土壤有机质含量依据下列公式计算，并根据计算结果对照表 2-10 得出土壤肥力。

$$土壤有机碳(\%) = \frac{\frac{c \times 5}{V_0} \times (V_0 - V) \times 10^{-3} \times 3.0 \times 1.1}{m \times k} \times 100 \tag{2-16}$$

$$土壤有机质(\%) = 土壤有机碳量 \times 1.724 \tag{2-17}$$

式中，c 为 0.800mol/L(1/6 $K_2Cr_2O_7$)标准溶液的浓度；5 为重铬酸钾标准溶液加入的体积(mL)；V_0 为空白滴定用去 $FeSO_4$ 体积(mL)；V 为样品滴定用去 $FeSO_4$ 体积(mL)；10^{-3} 为将 mL 换算为 L；3.0 为 1/4 碳原子的摩尔质量(g/mol)；1.1 为氧化校正系数，由于该方法对土壤有机质的氧化约为 90%，故测定结果还应乘以校正系数 100/90 = 1.1；1.724 为土壤有机质平均含碳量为 58%，要换算成有机质则应乘以 100/58 = 1.724；m 为风干土样质量(g)；k 为风干土样换算成烘干土的系数。

表 2-9 土壤有机碳测定结果记录表

土样名称：　　　　　　　采集地点：　　　　　　　层次深度：
测定时间：　　　　　　　测 定 人：

项目	重复			备注
	1	2	3	
称样质量(g)				
重铬酸钾标准溶液加入的体积(mL)				
空白滴定用去 $FeSO_4$ 体积(mL)				
样品滴定用去 $FeSO_4$ 体积(mL)				
土壤有机碳(g/kg)				
平均值(g/kg)				

表 2-10 土壤有机质含量与土壤肥力的关系表

土壤有机质含量(g/kg)	>20	15~20	10~15	5~10	<5
土壤肥力	高肥力	上等肥力	中等肥力	低肥力	薄沙地

2.4.6 注意事项

①使用秤皿测量时，不可直接用手拿秤皿，以免汗液污染，可借助夹钳或纸条。秤皿放入烘箱中烘烤前，应揭开皿盖，以便水分散发。从烘箱中取出秤皿前盖上皿盖，并直接放入干燥器内冷却，称量时要迅速、准确。土壤吸湿水很少，测量易受影响而产生误差，可能需多次烘干才能达到恒重。

②干放的电极使用前应在盐酸溶液[$c(HCl)=0.1mol/L$]或蒸馏水中浸泡 12h 以上、使之活化。电极球泡极易破损，使用时必须仔细谨慎，最好加用套管保护；不要长时间浸在被测溶液中，以防止流出的氯化钾污染待测液；

③玻璃电极表面不能沾有油污，忌用浓硫酸或铬酸洗液清洗玻璃电极表面。不能在强碱及含氟化物介质中或黏土等体系中停放过久。以免损坏电极或引起电极反应迟钝。不要直接接触能侵蚀汞和甘汞的溶液。

④测定 pH 值时，加水或氯化钾后的平衡时间对测得的土壤 pH 值是有影响的，且随土壤类型而异。平衡时间，快者 1min 即达平衡，慢者可长至 1h。一般来说，平衡 30min 最合适。

⑤土壤不要磨得过细，以通过 2mm 孔筛为宜。样品不立即测定时，最好贮存于有磨口的标本瓶中，以免受大气中氨和其他气体的影响。

⑥饱和甘汞电极最好插在上清液中，以减少由于土壤悬液产生液接电位而造成的误差。

⑦有机质含量高于 50g/kg 的，称土样 0.1g；有机质含量高于 20~30g/kg 的，称土样 0.3g；有机质含量少于 20g/kg 的，称土样 0.5g 以上。由于称样量少，称样时应用减重法以减少称样误差。

⑧土壤中氯化物的存在会使结果偏高。由于氯化物也能被重铬酸钾所氧化，因此，

盐土中有机质的测定必须防止氯化物的干扰。

⑨油浴锅最好不采用植物油,因为它可被重铬酸钾氧化,从而可能带来误差。而矿物油或石蜡对测定无影响。当气温很低时,油浴锅预热温度应高一些(约200℃)。铁丝笼必须有支脚,以使试管不与油浴锅底部接触。

⑩试管内溶液表面开始沸腾时才开始计算时间。掌握沸腾的标准尽量一致,然后继续消煮5min,消煮时间对分析结果有较大的影响,故应尽量计时准确。

2.5 森林植物光饱和点和补偿点测定

2.5.1 研究目的

通过研究使学生掌握植物光饱和点和光补偿点的测定原理;加深光照强度对植物生长影响的理解。

2.5.2 研究原理

光合作用是指绿色植物利用太阳能将二氧化碳和水转化为碳水化合物并释放出氧气的过程,它受植物内部生理状况和外界环境因子共同影响,并随环境条件的变化呈现一定的规律。

在一定的光照强度范围内,光合作用随光照强度的增加而增加,但超过一定的光照强度以后,光合作用便保持一定水平而不再增加了,这种现象称为光饱和现象,这个光照强度临界点称为光饱和点(light-saturation point,LSP)。在光饱和点以下,当植物通过光合作用制造的有机物质与呼吸作用消耗的物质相平衡时的光照强度称为光补偿点(light-compensation point,LCP)。

2.5.3 实验器材

(1)器材准备

便携式光呼吸测定系统(LI-6400)、实验植物。

(2)仪器构造

LI-6400型便携式光呼吸测定系统由主机及传感器(包括红外线分析器、内置磷砷化镓PAR传感器、量子传感器)两大部分组成。系统共配置了3种叶室,即阔叶叶室(broad chamber)、针叶叶室(conifer chamber)和土壤叶室(soil chamber),可针对不同树种及不同研究目的选取不同叶室进行测量。

LI-6400是以气流法测定光合作用,气流法的基本原理为在光合作用过程中作为原料被植物吸收的CO_2可吸收特定波段的红外辐射。测定时,仪器根据红外辐射的吸收确定参考气体与叶室气体的CO_2浓度差,同时依据气体流速、叶面积等参数计算净光合(呼吸)速率,LI-6400还可以测定蒸腾速率、气孔导度、胞间CO_2浓度等,测定过程中还能够自动记录重要的环境参数。

在光合作用测定中,有两种光源可供选择:一是自然光;二是自动光源(红光)。用自动光源测定时可测定植物的最大光合作用(Amax,即达到光饱和点时的光合作用)

以及光合作用/光照强度曲线。

2.5.4 研究步骤

本研究选取校园某一实验植物个体进行测定,从8:00时至20:00时,每隔2h测定1次数据,每次读取稳定数据5组,并做3次重复,最终取平均值,测定植物生理指标。在上午光强达到一定程度时,开始测定光响应。具体操作如下:

(1)启动仪器

正确连接仪器管线,并连接好进气管缓冲瓶。打开位于主机右侧的电源开关,启动仪器。仪器在启动后,确认连接好后,选择"Y"确认进入系统主菜单。

(2)仪器校准

在使用前一般需要校准,如1d内连续测定,早晨校准一次即可,校准需要用标准CO_2气体和湿度发生器。

①开机后预热20min左右。

②选择叶室,可使用的叶室包括标准叶室,针叶室等,如选择标准叶室,则选"Factory Default",然后按Enter键。

③向Scrub方向拧紧碱石灰管和干燥管上端的螺母。关闭叶室(压下黑色手柄),并旋紧固定螺丝。进入开机状态,按F3键,选择"Calib Menu"进入标定状态:选"Flow Meter Zero"(调气流速为零),回车。待流速的电压读数基本稳定,用F1、F2调节,至读数基本稳定,且在-0.5~0.5范围内,按Exit键退出。选"IRGA Zero"(红外气体分析仪探头调零),回车。待CO_2浓度和H_2O浓度下降至读数基本稳定,CO_2_R、CO_2_S波动范围在±0.1mmol/mol,H_2O_R、H_2O_S波动范围在±0.01mmol/mol,按F3"Auto All"进行自动调节,结束后按"Exit"退出;

④选"View Store Zeros Spans",后按"Store"保存,按"Y"确定后按"Exit"退出。

(3)测量

在"Open"状态下,按F4键,进入"New Measurements"测量菜单。

①设定文件:按F1键,选"Open Logfile"建立新文件,回车后输入自己设定的文件名,当显示屏出现提示"Enter Remark"时,输入需要的标记(英文,用于标记样地、植物种类、样品号等),继续回车,文件设置结束,在夹入叶片之前如果ΔCO_2大于0.5或小于-0.5,那么应该按F5键,选"Match"进行匹配。

②光响应曲线的测定:向Bypass方向拧紧碱石灰管和干燥管上端的螺母,夹上叶片(让叶片充满整个叶室空间,此时测量的植物叶片面积为6cm^2),关闭叶室(即压下黑色手柄),并旋紧固定螺丝即可(切记不要过紧),进行匹配很重要,无论叶室内是否有叶片均可进行,每次测量前最好匹配一次,等待C行Photo读数稳定后即可记录(大约在30s~1min左右,如果是室内测量,波动会大一些),记录方法是按F1键,选"Log"按钮或者按分析仪手柄上的黑色按钮2s即可记录一组数据。换叶片进行下一次测量,重复进行。

本研究选取实验植物叶片,并将光合有效辐射光源,设定从2000μmol/(m^2·s)光强开始,依次降为1800μmol/(m^2·s)、1600μmol/(m^2·s)、1400μmol/(m^2·s)、1200μmol/(m^2·s)、1000μmol/(m^2·s)、800μmol/(m^2·s)、600μmol/(m^2·s)、400μmol/(m^2·s)、

200μmol/(m²/s)、150μmol/(m²/s)、100μmol/(m²/s)、50μmol/(m²/s)、20μmol/(m²/s)、0μmol/(m²/s)光强,并通过系统控制叶片温度为25℃±1℃,CO_2浓度400μmol/mol±1μmol/mol,相对湿度55%±1%,进行测量。

(4)数据输出

可以直接从仪器上读取测定结果,当数据量较多时,也可以将计算机与仪器连接,调整仪器状态(主菜单下按F5键,选择"Utility"进入应用菜单,选择"File Exchange",回车即可)。或取出随机带的软件光盘,在计算机上安装WINFX软件,启动该软件,并选择"Connect",后把LI-6400内的"User"文件夹下的数据文件拖到计算机中的某个文件夹下即可。使用此文件时只需要打开Excel软件,文件扩展名选择所有文件,选择分隔符为逗号,并打开文件,即可使用数据。

(5)关闭仪器

按"Escape"按钮退回到主菜单下,松开叶室(留一点缝隙),将两个化学管螺母拧至中间松弛状态,关闭主机,取出电池充电。

2.5.5 结果与分析

将研究结果记录于表2-11中,分析森林植物光合作用的光饱和点和光补偿点。

表2-11 森林植物的光饱和点和光补偿点记录表

植物	光响应曲线	相关系数	光饱和点 [μmol/(m²·s)]	光补偿点 [μmol/(m²·s)]

利用非直角双曲线拟合光响应曲线,并求取光饱和点及光补偿点。非直角双曲线拟合公式为:

$$P_n = \frac{A \times I + P_{n\max} - \sqrt{(A \cdot I + P_{n\max})^2 - 4A \times I \times P_{n\max}}}{2K} - R_d \quad (2\text{-}18)$$

式中,P_n为净光合速率;I为光合有效辐射(光强);A为表观量子效率;$P_{n\max}$为最大净光合速率;R_d为暗呼吸速率;K为光响应曲线曲角。根据式(2-18)利用SPSS软件进行非线性回归,得到I-P_n的拟合线(光响应曲线),并计算$P_{n\max}$、K、A、R_d的值。

在低光强下,净光合速率随光强的增大呈线性增高。当光强$I<200$μmol/(m²/s),使用实测数据P_n对I-P_n进行直线回归,得到拟合直线方程

$$y = ax + b \quad (2\text{-}19)$$

式中,y为净光合速率实测值;x为光合有效辐射;光补偿点(LCP)为该拟合直线与X轴的交点,将由式(2-18)计算的最大净光合速率$P_{n\max}$预测值带入该拟合直线方程求得光饱和点(LSP)。

2.5.6 注意事项

①测量时间尽量选择晴朗的天气条件。

②如使用中电力不足，仪器会出现声音提示和文字提示，需更换电池，更换电池时，应先将一节电池换好，然后再换另一节电池。

③在进行光合曲线的拟合过程中有直角双曲线模型、非直角双曲线模型，以及指数方程模型等，可根据具体研究选取合适的模型。

2.6 植物有效积温测定

2.6.1 研究目的

通过研究使学生掌握植物生长发育各阶段有效积温测定的方法；加深温度对植物生长发育影响作用的认识。

2.6.2 研究原理

温度与植物生长发育的关系，比较集中地反映在温度对植物发育速率的影响上。植物在某一生长发育阶段或整个生长发育期所需要的热量条件，即累积温度总和称为积温，常用有效积温表示。

有效积温是植物在某一生长发育阶段或整个生长发育期内，日平均温度中高于植物发育起点温度的那一部分温度的总和，其计算公式为：

$$K=N(T-C) \tag{2-20}$$

式中，K 为有效积温；N 为发育历期，即生长发育所需时间；T 为发育期间的日平均温度；C 为植物发育起点温度(生物学零度)。

有效积温 K 和生物学零度 C 的计算最简单的方法为，在两种实验温度(T_1 和 T_2)下，分别观察和记录两个相应的发育时间值(N_1 和 N_2)。将两种实验的温度和发育时间值代入式(2-20)可得

$$K_1=N_1(T_1-C) \tag{2-21}$$
$$K_2=N_2(T_2-C) \tag{2-22}$$

因为对于同一种植物的相同发育阶段而言有效积温相同，$K_1=K_2$，因此

$$C=\frac{N_2 \times T_2 - N_1 \times T_1}{N_2-N_1} \tag{2-23}$$

再将 C 代入式(2-20)中，可计算有效积温。

2.6.3 实验器材

光照培养箱、高压灭菌锅、三角瓶、纱布、镊子、烧杯等；植物种子(以大豆、玉米种子为例)，经灭菌后的泥炭土。

2.6.4 研究步骤

催芽：选取适量饱满的种子在常温下用纱布包裹好，温水浸泡 1d，倒掉水，25℃恒温培养，注意保持纱布湿润、透气，露出芝麻大小的芽，便可播种。

播种：向三角瓶中加入适量灭菌的泥炭土，用镊子播深 1~2cm，将露芽的种子播种

在三角瓶中,覆上一层薄泥炭土,浇透水,然后分别放入20℃和25℃光照培养箱中培养。

观察记录:每天定时观察植物的生长情况并注意补充浇水,第1片真叶充分地展开后,记录所用的天数和培养的温度。

2.6.5 结果与分析

将每天观察的各组种子的生长情况录入表2-12中,再将不同温度下大豆和玉米发育历期的统计结果录入表2-13,最后根据式(2-20)和式(2-21),计算不同植物发育的有效积温 K 和植物发育起点温度 C,并录入表2-14,分析温度对植物生长发育的影响。

表2-12 种子发育培养观测记录

日期	20℃		25℃	
	玉米	大豆	玉米	大豆

表2-13 种子发育历期统计表

实验温度	分组	种子数(粒)	从播种到第1片真叶展开经历的时间(d)	平均时间(d)
20℃	玉米			
	大豆			
25℃	玉米			
	大豆			

表2-14 种子发育积温统计表

种子名称	K 值(℃)	C 值(℃)
大豆		
玉米		

2.6.6 注意事项

①实验温度组合应有一定数量,至少不能低于5个。温度组的上、下限相应拉大,特别是下限温度,要相应压低,否则会明显影响发育起始温度的准确性。

②在变温和恒温条件下,植物的生长发育并不一致,实验应尽可能在模拟自然变化的条件下进行。

2.7 植物光周期测定

2.7.1 研究目的

通过该实验使学生掌握测定光周期对植物开花影响的方法和技术;了解昼夜交替

及日照长短对大豆、水稻等短日照作物开花结果的影响。

2.7.2 研究原理

高等植物生活史一般可划分为营养生长时期和生殖生长时期。在满足发育所必需的外界条件下，才有花原基的发育和生殖器官的形成，这是植物生活史上的一个重要转折点。影响这个转折点的外界条件主要是温度和光周期。根据对光周期的不同要求，植物可分为长日照(性)植物、短日照(性)植物和中日照(性)植物。许多植物须经过一定的光周期才能开花，并已知叶是感受光周期影响的重要器官，在一定的光周期条件下，叶片内形成某些特殊的代谢产物，传递到生长点，导致生长点形成花芽。因此，在自然光照条件下，人为地对植物以短日照、间断白昼、间断黑夜等处理，可测定并了解昼夜交替及其光照长短对植物开花的影响。

2.7.3 实验器材

长日照植物：凤仙花、紫菀等；中日照植物：月季、蒲公英等；短日照植物：牵牛、菊花、大豆、苍耳等；黑罩(外面白色，里面黑色)或暗室、花盆、培养室或可控光照培养箱、日光灯或红色灯泡(60~100W)、闹钟(附光源开关自动控制装置)。

2.7.4 研究步骤

在研究开始前和研究过程中，每隔3d作一次记录，记录各株植物的生长状况，包括植株高度、落叶数目、枯萎情况、是否有花蕾产生、开花时间、花期长度以及叶片颜色等，另外在整个实验结束后测量各植株的鲜重、干重等。

短日照植物光周期控制实验，可采用牵牛、大豆、水稻、苍耳、菊花等短日植物进行，当大豆幼苗长出第一片复叶，水稻幼苗长出5~6片叶(夜温在20℃以上)，苍耳、菊花长到5~8片叶后，即按表2-15的方法给以不同光照处理，一般情况连续处理10d后即可完成光周期诱导，并做记录。

(3)还可采用长日照植物、中日照植物或短日照植物进行对比实验。准备生长状况一致的长日照植物凤仙花9盆、中日照植物月季9盆、短日照植物牵牛花9盆；分别取凤仙花、月季和各3盆，进行长日照处理，即将处理组置于培养室或培养箱中，自动控制光照，每日光照超过15h。取上述同样植物各3盆，进行短日照处理。每日光照8h。再取上述同样植物各3盆，在自然光下进行对照实验；要求每种植物营养生长必须充足，枝条长短接近开花时的需要。进行光周期处理，日照长的控制采用人工光源法，亦可进行光周期实验。

2.7.5 结果与分析

本研究采用短日照植物进行实验，并按表2-15的处理方法进行研究，将短日照植物的现蕾期数据录入表2-15中，分析自然光照条件，以及短日照、间断白昼、间断黑夜等处理，对植物开花的影响。

表 2-15　光照处理情况

植物名称：

类　型	处理方法	开花/不开花
短日照	每日照光 9h(8:00 时至 17:00 时)	
间断白昼	每日 11:30 至 14:30 移入暗室(或用黑罩布)，间断白昼 3h	
间断黑夜	在短日照处理基础上，0:00 时至 1:00 时照光 1h，间断黑夜	
对照组	自然光照条件	

2.7.6　注意事项

植物放在暗室中时不能漏光。

思考与练习

1. 总辐射、直接辐射、净辐射之间有何区别与联系？
2. 哪些因素会影响林内及空旷地光照强度和紫外线光照强度的日变化？
3. 实照时数和日照百分率有什么不同？
4. 林内降水量与林外降水量有何差异？
5. 影响林冠截留量的因素有哪些？
6. 林内和空旷地的气温和土壤温度有何差异？
7. 影响植物光合作用及其日变化的环境因素有哪些？
8. 简要说明有效积温对森林植物的生长发育的影响。
9. 根据光周期现象的原理，在森林引种工作中应注意哪些问题？

第3章 森林种群生态学研究方法

日益加剧的全球变化将显著改变森林生物种群内部及种群之间的相互作用关系。本章旨在培养学生有关森林种群的数量特征、年龄特征、空间分布特征、动态特征的基本研究研究技能；深化学生对种群基本特征、种内关系与种间关系的种群生态学基础理论的认识。

3.1 基于模拟实验的"标记重捕法"种群数量测定

3.1.1 研究目的

通过模拟实验，理解标志重捕法的基本原理；掌握标志重捕法的计算过程，初步认识其在种群数量统计中的作用。

3.1.2 研究原理

(1) 标志重捕法

标志重捕法（mark-recapture method）是指在调查地段中，捕获一部分个体进行标记，然后放回原来的自然环境，经过一段时间后再进行重捕。根据重捕中标记个体的比例，估计该地段中种群的个体总数。

若将该地段种群个体总数记作 N，其中最初标记数为 M，重捕个体数为 n，重捕中标记个体数为 m，假定总数中标志个体的比例与重捕取样中标志个体的比例保持恒定，即 $N:M=n:m$，则种群个体总数 N 按林可指数法（Lincoln index method）计算：

$$N = M \times \frac{n}{m} \tag{3-1}$$

标志重捕法通常用于一些活动能力强、活动范围较大的动物种群数量的统计，常用于鸟类、哺乳类动物及鱼类种群密度的调查。

(2) 模拟实验

采用玻璃球代替研究动物种群进行数量测定，黑色玻璃球数量（最初标记数 M）代表被标记过的玻璃球，白色玻璃球代表玻璃球总体中未被标记的部分，黑色玻璃球再放回白色玻璃球中合为总体；再次抽样，根据所抽到的黑色玻璃球个数（重捕中标记个

体数 m)占抽样总体数(重捕个体数 n)的比例计算玻璃球的总数。

3.1.3 实验器材

黑色与白色玻璃球各 500 枚、50mL 烧杯、记号笔、篮筐等。

3.1.4 研究步骤

①学生分 3~5 小组，每组 3~5 人，每小组一个篮筐，每筐装入实验教师分发的白色玻璃球若干(约 450 枚)，但每小组筐中的白色玻璃球数量不等。

②每组再分别装入黑色玻璃球约 50 枚(M)，并将具体数目填入表 3-1 中，并将其与篮筐中的白色玻璃球混合均匀(N)。

③采用 50mL 烧杯随机抽取 1 烧杯玻璃球，记录所抽样烧杯中总玻璃球个数(黑色与白色总和，n)与黑色玻璃球个数(m)，填入表 3-1。

④分别重复 5 次研究步骤②和步骤③，将数据填入表 3-1 中。

⑤按式(3-1)分别计算 N_1、N_2、N_3、N_4、N_5 值。

⑥再求种群总数的估测平均值 N_i，按下列公式计算：

$$N_i = \frac{N_1+N_2+N_3+N_4+N_5}{5} \tag{3-2}$$

⑦最后计数第 2 步中所混合后，黑色与白色玻璃球的总数，用于比较总数估计均值 N_i。

3.1.5 结果与分析

按林可指数法计算 N_i，求平均值，记入表 3-1。

表 3-1 林可指数法研究结果

次数	1	2	3	4	5	SE	N_i	N
M								
n								
m								

注：M 为最初标记数(黑色玻璃球数量)；n 为每次抽样的玻璃球总数；m 为每次抽样中黑色玻璃球数量；N_i 为玻璃球总数的估测值；N 为玻璃球总数的实际值。

3.1.6 注意事项

①所选择的材料体积与质地等需一致，以减少抽样误差。

②两种玻璃球需混合均匀。

③步中应保证玻璃球填满整个烧杯。

3.2 种群密度与频度测定

3.2.1 研究目的

了解植物种群数量特征的样地调查方法；掌握植物种群密度与频度的计算方法。

3.2.2 研究原理

植物种群的数量特征描述，是森林种群学与群落学研究的重要内容。植物的密度与频度是种群重要的数量特征指标。

种群密度是指单位面积上的同种生物个体总数，一般采用下列公式计算：

$$D = \frac{N}{S} \tag{3-3}$$

式中，D 为种群的密度（株/m²）；N 为样地内某种群的个体数（株）；S 为样地面积（m²）。

频度是指某一种群在样本总体中的出现频率，一般采用下列公式计算：

$$F = \frac{n_i}{N} \times 100\% \tag{3-4}$$

式中，F 为种群的频度（%）；n_i 为某物种出现的样方数（个）；N 为抽样的样方总数（个）。

在理论上，种群的密度和频度反映的是该物种在一定环境内的空间分布特征，是种群生物学特征对环境条件长期适应或选择的结果。因此，其数值不仅体现了种间或种内关系，而且反映了该物种的生存竞争能力。

3.2.3 实验器材

测绳（100m）、皮尺（50m）、计算器、记录夹等。

3.2.4 研究步骤

（1）样地选择

①确定样地：样地是指能够反映植物群落基本特征的一定地段。根据具体情况在野外选择乔木、灌木或草地样方。

②确定样方大小：乔木样方面积为20m×20m，灌木样方面积为5m×5m，草本样方面积为1m×1m。

③取样方法：根据具体情况，随机设置样方5~30个。

（2）确定研究物种

在样地内选择3~10种植物，一般每个小组选择3种，识别物种名称并编号。

（3）数据调查与采集

在一个样方内调查所选定物种的数量，并录入表3-2。在随机设置的 N 个样方内，调查选定物种出现情况，并录入表3-3。

3.2.5 结果与分析

按式（3-3）计算植物种群密度，填入表3-2；按式（3-4）计算植物种群的频度，填入表3-3。

比较不同植物种群的密度与频度，并从物种生物学特征与环境因子相互关系角度，解析其形成原因。

表 3-2　植物种群密度调查结果

物　种	1	2	3	4	…
数量(株)					
密度(株/m^2)					

表 3-3　植物种群频度调查结果

样方编号	1	2	3	4	5	…	频度	备注
样方面积(m^2)								
物种 1								
物种 2								
物种 3								
物种 4								
…								

3.2.6　注意事项

①样地选择应具有随机性、典型性及代表性。

②为确保植物个体数量调查的准确性,乔木样方一般样方数量不少于 5 个,灌木样方数量不少于 10 个,草本样方数量不少于 20 个。

3.3　种群空间分布格局测定

3.3.1　研究目的

认识种群个体的随机分布、集群分布和均匀分布 3 种空间格局;掌握检验种群空间格局分布类型的方法;理解种群空间分布型的形成原因。

3.3.2　研究原理

种群分布格局是指种群个体在水平位置的布局格式。一般可划分为下列 3 种类型:

①随机分布:指彼此独立的个体,各自在空间里都是随机地定位或者个体在布局完全取决于机会。原因是资源分布均匀,种群内个体间没有彼此吸引或排斥的现象。

②均匀分布:种群个体呈现近似等距的均匀分布型,原因在于种群个体间的竞争。

③集群分布:种群个体呈现成群或成簇或成斑块状的集聚。在各群、簇、块之间有面积大小不一的空隙。主要是由于资源分布不均匀或种子植物以母体为扩散中心使其结群。

种群个体空间分布类型的检验方法研究得比较深入,本实验选用分布系数法检验。分布系数法(扩散系数法)根据 Poisson 分布具有方差与均值相等的性质,来统计和检验野外调查数据。分布系数 C_x 按下列公式计算:

$$C_x = \frac{S^2}{m} \tag{3-5}$$

$$S^2 = \frac{\sum (X_i - m)^2}{n-1} \tag{3-6}$$

式中，S^2 为方差；m 为均值；n 为样本总数；X_i 为第 i 样方中的种群个体数。

若 $C_x = 0$，种群属于均匀分布；$C_x = 1$，属于泊松分布，种群表现为随机分布；$C_x > 1$，种群属于集群分布。

3.3.3 实验器材

皮尺(50m)、样方框(20cm×20cm，50cm×50cm，100cm×100cm)、计算器等。

3.3.4 研究步骤

①样方设置：每一小组选择一定种类的植物种设置样方，根据所测地段面积，样方数 5 个以上；以等距取样法取样。样方面积：草本植物 1m×1m，灌木 5m×5m，乔木则根据具体情况确定，一般为 20m×20m。

②样方调查：将每个样方中待测植物种类的株数，记录在表 3-4 中，整理调查数据。

③按式(3-5)与式(3-6)分别计算 S^2 和 C_x 值。

④确定种群的分布类型，并填入表 3-4。

3.3.5 结果与分析

根据表 3-4 计算 C_x 值，根据 C_x 确定不同植物种群属于何种空间分布类型(随机分布、集群分布和均匀分布)。

并从植物种类的生物学特征与样地环境之间关系的角度，分析不同空间分布类型形成的原因。

表 3-4 植物种群分布格局的统计表

样方数	物种 1 数量(株)	物种 2 数量(株)	物种 3 数量(株)	物种 4 数量(株)	物种 5 数量(株)
1					
2					
3					
4					
5					
6					
7					
8					
9					
10					

3.3.6 注意事项

①每小组同学选择的植物种类应尽量不同，3 种以上。

②每小组的样方数5个以上。

3.4 种群年龄结构测定

3.4.1 研究目的

掌握植物种群年龄结构的测定方法；理解种群年龄结构在种群动态中的意义。

3.4.2 研究原理

种群的年龄结构是指不同年龄组(繁殖前期、繁殖时期及繁殖后期)的个体数目在种群中的比例和配置。分析一个种群的年龄结构可以间接判定出该种群的发展趋势。

种群年龄结构常用年龄锥体(年龄金字塔)来表示。年龄锥体是由不同宽度(年龄组的数量)的横柱(年龄组)从下而上配置而成的图。横柱高低位置表示繁殖前期、繁殖期、繁殖后期3个年龄组，横柱宽度表示各年龄组的个体数或在种群中所占百分比。年龄锥体可划分为下列3种基本类型(图3-1)：

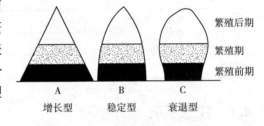

图3-1 种群年龄结构的类型

增长型：典型金字塔形(基部宽，顶部狭)，表示种群有大量幼体、老年个体少，反映种群出生率大于死亡率，属于迅速增长的种群。

稳定型：大致呈钟形(从基部到顶部具有缓慢变化或大体相似的结构)，说明幼年体与中老年个体大致相等，出生率与死亡率大致相等，种群数量处于相对稳定状态。

衰退型：呈壶形(基部比较狭、而顶部比较宽)，表示种群中幼体<老体个体数量，种群的死亡率>出生率，属于衰退的种群。

3.4.3 实验器材

树木生长锥、胸径尺、测高仪、坡度仪、钢卷尺、皮尺(50m)和样方绳、样方记录表。

生长锥是一种专用的钻具，从树皮直钻入树心，然后取出一薄片，上面就有全部年轮，便可以计算出树木的年龄。

3.4.4 研究步骤

①样地设置：用样方绳圈定的一定面积样方，乔木样方面积一般是20m×20m，样方数量应在5个以上。

②对样方内乔木层的每株乔木进行编号、定位。

③用生长锥钻取乔木的树芯，测定树木年龄，并按年龄组统计株数。

3.4.5 结果与分析

根据表 3-5 统计数量绘制植物种群年龄结构图,比较各年龄组(幼龄树、中龄树、老龄树)占总数量的比例。

表 3-5 植物种群年龄结构的统计表

样方数	幼龄树(株)	中龄树(株)	老龄树(株)
1			
2			
3			
4			
5			
6			
7			
8			
9			
10			

3.4.6 注意事项

①每个树种的龄级分类不同,年龄组需根据行业标准关于龄级规定而确定。
②每个树种的样方数量应在 5 个以上。

3.5 种群生命表编制

3.5.1 研究目的

了解生命表的类型及其结构;掌握种群生命表的编制方法;了解生命表编制原理与意义。

3.5.2 研究原理

生命表(life time)是记载某一种群各年龄组个体死亡和出生情况的统计表。它反映了种群发展过程中从出生到死亡的动态变化。生命表主要包括下列 2 种类型:

动态生命表(dynamic life table):是观察同一时间出生的生物死亡或动态过程而获得的数据所编制的生命表。如同生群生命表。

静态生命表(static life table):是根据某一特定时间,对种群作一个年龄结构的调查,并根据其结果而编制成的生命表。

3.5.3 实验器材

骰子、篮筐、记录纸、绘图纸、笔等。

3.5.4 研究步骤

生命表编制一般方法如下：

(1) 划分年龄阶段

根据研究物种的生活史特征，划分年龄组。植物一般采用发育阶段作为年龄阶段(x)如种子产量、种子可得数、萌发数、实生苗定株数、成活数等；人通常采用5年为一个年龄组；盘羊、鹿等以1年为一个年龄组；鼠类以1个月为一个年龄组；于1年生昆虫等则根据个体发育的特征(卵、幼虫、蛹等龄期)划分年龄组。

(2) 调查数据

各年龄段开始时的个体存活数，详细记录得生命表的原始数据n_x。

(3) 生命表各栏数据及计算

据原始数据n_x计算并填写生命表的其他各项特征值(d_x、l_x、q_x、L_x、T_x、e_x)，完成表格，并得出研究种群的生命期望e_x。表3-6中各栏数据的演算及其关系如下：X为年龄阶段；n_x为x期开始时存活数；l_x为x期开始时存活率：$l_x=n_x/n_0$；d_x为x到$x+1$死亡数，$d_x=n_x-n_{x+1}$；q_x为x到$x+1$死亡率，$q_x=d_x/n_x$；L_x为x到$x+1$期平均存活数，$L_x=(n_x+n_{x+1})/2$；T_x为进入x龄期的全部个体在进入x期以后的存活年数总和，$T_x=L_x$；e_x为在x期开始时的平均生命期望或平均余年$e_x=T_x/n_x$。

本实验采用模拟研究方法进行编制，具体步骤如下：

①以骰子的数量代表所观察的一组生物的同生群，给每个实验组分发60个左右骰子，一个篮筐。

②通过掷骰子游戏来模拟生物死亡过程，每只骰子代表一个生物个体，所以开始时个体数为60，年龄记为0。掷骰子的规则为：将篮筐中骰子充分混匀，一次全部掷出，观察骰子的点数，2、3、5、6点代表存活个体，1、4点代表死亡个体，投掷一次骰子代1a、将投掷次数作为年龄记在下表中最左边一栏(年龄x)中，将显示2、3、5、6点的骰子数作为存活个体数记在小标存活个体数n_x一栏中。

③将"死亡个体"去除，"存活个体"继续放回篮筐中重复以上步骤，直到所有生物全"死亡"。

④重新掷骰子，规则改为当掷出1时代表死亡个体，其余相同，以此模拟死亡率为1/6的情景。

⑤按上面的公式计算生命表中其他各项的数值，完成表格。

3.5.5 结果与分析

按照上述实验步骤完成表3-6，并分析与描述实验现象与结果，表述自己对生命表编制及意义的认识。

表3-6 动态生命表结构

年龄x	存活数n_x	存活率l_x	死亡数d_x	死亡率q_x	平均存活数L_x	存活年数总和T_x	平均生命期望e_x
0	60	1.00					
1							

(续)

年龄 x	存活数 n_x	存活率 l_x	死亡数 d_x	死亡率 q_x	平均存活数 L_x	存活年数总和 T_x	平均生命期望 e_x
2							
3							
4							
5							
6							
7							
8							
9							
10							
…							
n							

3.5.6 注意事项

①每组骰子的总数量不能过少，以减少抽样误差。
②骰子的混合应均匀。

3.6 种群存活曲线绘制

3.6.1 研究目的

了解种群存活曲线的 3 种类型；掌握种群存活曲线的绘制方法；理解种群存活曲线绘制原理与意义。

3.6.2 研究原理

存活曲线分析反映种群个体在各种年龄段的存活数量动态变化的曲线，称为存活曲线。它能反映生物个体发育阶段对种群数量的调节状况。存活曲线可分为以下 3 种类型：

Ⅰ型：存活曲线呈"凸"字形。种群的大多数个体均能实现其平均的生理寿命（种群处于最适生活环境下的平均年龄，而不是某个特殊个体可能具有的最长寿命），死亡率直到末期才升高。人类、许多高等动物（大型兽类）及某些一年生植物常属此类。

Ⅱ型：存活曲线呈对角线。它们表示各年龄段具有相同的死亡率。例如，水螅、许多鸟类以及小型哺乳动物的存活曲线接近此类。

Ⅲ型：存活曲线呈"凹"字形。种群的幼体死亡率极高，以后死亡率低而稳定。表示幼体死亡率很高（存活率低）。许多海洋鱼类、海洋无脊椎动物、许多低等脊椎动物和寄生虫以及多次结实的多年生植物属此类。

研究存活曲线可以判断各种有害生物种群最容伤害的年龄而进行人为有效地数量控制，以达到造福人类的目的，如可以选择最有利时间打猎或进行害虫防治。

3.6.3 实验器材

生命表、记录纸、绘图纸、笔等。

3.6.4 研究步骤

(1) 获取生命表数据

调查死亡年龄：收集野外自然死亡动物的残留头骨，可根据角确定死亡年龄；也可以根据牙齿切片，观察生长环确定年龄；牙齿的磨损程度是确定草食性动物年龄的常用方法；根据鱼类鳞片的年轮，推算鱼类的年龄和生长速度；根据鸟类羽毛的特征、头盖的骨化情况确定年龄等。

观察同生群生物存活：如观察同一时期出生，同一大群动物的存活情况，调查的数据可以制定动态生命表。

观察不同年龄组生物存活：根据数据确定种群中每一年龄组有多少个体存活，假定种群年龄组的构成在调查期间不变，如直接用人口普查数据编制生命表，属静态生命表。

(2) 填表

按年龄阶段将实际观察值或实际调查数据记入表中。为便于计算，许多生命表习惯用 10 的倍数个体为基础计算。

(3) 绘制生命存活曲线

以生命表中年龄(x)为横坐标，相对年龄存活数的常用对数值($\ln n_x$)为纵坐标，绘制生命存活曲线。

3.6.5 结果与分析

根据调查某地区人口调查数据编制的年龄结构生命表(表 3-7)，绘制存活曲线并对各曲线的变化特征进行分析，确定其存活曲线类型。

表 3-7 某地区人口动态统计表

年龄 x	存活数 n_x	存活率 l_x	死亡数 d_x	死亡率 q_x	平均存活数 L_x	存活年数总和 T_x	平均生命期望 e_x
0							
1							
5							
10							
15							
20							
25							
30							
…							
n							

3.6.6 注意事项

①每组骰子的总数量不能过少,以减少抽样误差。
②第2步骰子的混合需均匀。

3.7 种群逻辑斯谛增长研究

3.7.1 研究目的

使学生们认识到种群数量动态往往受环境资源制约;掌握 K 与 r 参数的研究估计及曲线拟合;加深对逻辑斯谛增长模型的理解。

3.7.2 研究原理

种群在有限环境中的增长不是无限的。当种群在一个资源有限的空间中增长时,随着种群密度的上升,因空间资源和其他生存条件而引起的种内竞争也将加剧,可能影响种群的出生率和存活率,从而降低种群的实际增长率,导致种群数量下降。

逻辑斯谛增长(logistic growth)是种群在资源有限环境下连续增长的一种最简单的模型,又称为阻滞增长。种群在有限环境下的增长曲线是"S"形的,"S"形增长曲线逐渐接近于某一特定的最大值,但不会超过这个最大值,此时种群生存的最大环境容纳量(carrying capacity),通常用 K 表示。"S"形曲线常可以划分为下列 5 个时期:

开始期:也称潜伏期,由于种群个体数很少,密度增长缓慢。

加速期:随个体数增加,密度增长逐渐加快。

转折期:当个体数达到饱和密度1/2(即 $K/2$ 时),密度增长最快,此时可获得最大可持续产量。

减速期:个体数超过 $K/2$ 以后,密度增长逐渐变慢。

饱和期:种群个体数达到 K 值而饱和。

逻辑斯谛增长的微分与积分模型分别为:

$$\frac{dN}{dt} = rN\left(1 - \frac{N}{K}\right) \tag{3-7}$$

$$N = \frac{K}{1 + e^{a-rt}} \tag{3-8}$$

式中,dN/dt 为种群在单位时间的增长率;N 为种群数量;t 为种群增长的时间(小时、天或年);r 为种群的瞬时增长率;K 为环境容纳量;$1-N/K$ 为剩余空间,即种群还可以继续利用的增长空间;a 为常数;e 为自然对数的底。

3.7.3 实验器材

恒温光照培养箱,体视显微镜,凹玻片,1000mL烧杯,100mL量筒,移液枪(50μL),1kW电炉,普通天平,干稻草,鲁哥氏固定液,50mL锥形瓶,纱布,橡皮筋,胶布条,封口膜,标记笔,计数器,记录表格等。

3.7.4 研究步骤

(1) 草履虫原液的种群密度测定

从湖泊或沟渠等水体中采集草履虫原液;用 0.1mL 移液枪吸取 0.1mL 草履虫原液于凹玻片上,当在体视显微镜下看到有游动的草履虫时,再用滴管取一小滴鲁哥氏固定液于凹玻片上杀死草履虫并计数;按上述方法重复取样 5 次,计算 5 次计数的草履虫数量的平均值,进而推算草履虫原液中的种群密度。

(2) 制备草履虫培养液

称取干稻草 5g,剪成 3~4cm 长的小段;在 1000mL 烧杯中加蒸馏水 800mL,用纱布包裹好干稻草,放入水中煮沸 10min,直至煎出液呈淡黄色;将稻草煎出液置于室温下冷却后,经过过滤,即可作为草履虫培养液备用。

(3) 确定培养液中草履虫种群的初始密度

取冷却后的草履虫培养液 50mL,置于 50mL 烧杯中;用移液管吸取适量的草履虫原液放入培养液中,使培养液中草履虫的密度在 5~10 只/mL 左右,此时培养液中的草履虫密度即为初始种群密度;用纱布和橡皮筋将研究用的烧杯罩好,并做好本组标记,放置在 20℃与 30℃的光照培养箱中培养。

(4) 定期检测和记录

在实验开始后 10d 内,每天定时对培养液中的草履虫密度进行检测,求出其平均值;将每天的观测数据记录在观测数据记录表中。

(5) 确定环境容纳量(K)

将 10d 中得到的草履虫种群数量数据,标定在以时间为横坐标、草履虫种群数量为纵坐标的坐标系中,从得到的散点图中不仅可以看出草履虫种群数量随时间的变化规律,还可以得到此环境条件下可以容纳草履虫的最大环境容纳量 K。通常从平衡点以后,选取最大的一个 N,以避免在计算 $\ln(K-N)/N$ 过程中出现负值。

(6) 确定瞬时增长率(r)

瞬时增长率可以用回归分析的方法来确定。首先将 Logistic 方程的分式变形为:

$$\frac{K-N}{N}=e^{a-rt} \tag{3-9}$$

两边取对数得:

$$\ln\left(\frac{K-N}{N}\right)=a-rt \tag{3-10}$$

如果设 $y=\ln[(K-N)/N]$,$b=-r$,$x=t$,那么 Logistic 方程的积分式可以写为:

$$y=a+bx \tag{3-11}$$

这是一个直线方程,只要求出 a 和 b,就可以得到 Logistic 方程。根据一元线性回归方程的统计方法,a 和 b 可以用下面的公式求得:

$$a=\bar{y}-b\bar{x} \tag{3-12}$$

$$b=\frac{\sum_{i=1}^{n}(x_i-\bar{x})(y_i-\bar{y})}{\sum_{i=1}^{n}(x_i-\bar{x})^2} \tag{3-13}$$

式中，$\bar{x}$ 为自变量 x 的均值；x_i 为第 i 个自变量 x 的样本值；$\bar{y}$ 为应变量 y 的均值；y_i 为第 i 个因变量 y 的样本值；n 为样本数。

3.7.5 结果与分析

按式(3-7)至式(3-13)将求得的 a、r 和 K 代入 Logistic 方程，则得到理论值，并列入表 3-8。

在坐标纸上绘制出方程的理论曲线。检查理论曲线与实际值的拟合情况。

表 3-8 草履虫种群动态观测及计算表

培养时间(d)	平均实测值	种群估计值 N	$\dfrac{K-N}{N}$	$\ln\dfrac{K-N}{N}$	Logistic 方程理论值
1					
2					
3					
4					
5					
6					
7					
8					
9					
10					

3.7.6 注意事项

①在草履虫原液取样中，应将移液枪尽量保持在相同地点与相同深度，以减少取样误差。

②应采取 5 个以上的重复来确定草履虫原液中的平均种群密度。

3.8 植物种群密度效应实验

3.8.1 研究目的

通过盆栽实验，观察和了解植物种群内部竞争(密度效应)；认识最后产量恒值法则的基本内容；了解-3/2 自疏法则特点和规律。

3.8.2 研究原理

(1) 植物密度效应

当种群密度增加时，种群内部在邻接个体间出现的相互影响及相互竞争，又称邻接效应。最明显的表现是对形态、个体平均产量、死亡率的影响，并从而得出了"最后产量恒值法则"。

(2) 最后产量恒值法则

在一定范围内,当条件相同时,最后产量差不多总是相同的。原因是高密度时个体间竞争有限资源(光、水、营养物等),植物的生长率降低,个体变小,构件减少。

$$Y = W \times d = k_i \tag{3-14}$$

式中,Y 为单位面积产量;W 为植物个体平均产量;d 为植物种群密度;k_i 为常数。

(3) –3/2 自疏法则

当植物种群密度太高时,部分个体死亡,称为"自疏现象",自疏过程中个体平均重量与种群密度成–3/2 直线斜率的变化。

$$W = C \times d^{-3/2} \tag{3-15}$$

$$\log W = \log C - 3/2 \log d \tag{3-16}$$

式中,W 为平均单株干重;C 为常数;d 为种群密度。

3.8.3 实验器材

25cm 口径的花盆、大田表层土壤、腐熟厩肥、烘箱、天平、剪刀、纸袋,以及油菜和大豆种子等。

3.8.4 研究步骤

①实验设计:高密度组播种大豆 30 颗,发芽后留 24 个;中密度组播种大豆 20 颗,发芽后留 12 个;低密度组播种大豆 10 颗,发芽后留 6 个。每组 3~5 次重复。

②将土壤和腐熟厩肥充分拌匀,取等量分装在花盆里,使土面稍低于盆口(2cm)。

③为花盆贴上标签,注明播种日期、重复编号。

④把已播种的花盆依次排放在一起(冬天放在温室内),每周随机交换花盆位置,以防边缘效应;日均气温在 15℃ 以上,培养 20d 左右;日均气温在 15℃ 以下,则培养 30d 以上,视情况收获。

⑤培养期间定期浇水,以利种子发芽和幼苗生长。

3.8.5 结果与分析

当植株生长到规定的时间时,沿地面剪取植株,将之装入纸袋。用铅笔在每只纸袋上注明花盆号、株龄和存活株数;将纸袋放在 60~70℃ 烘箱内烘干(10h 以上);待植株烘干后,从烘箱中取出纸袋,称重。倒出植株,称空纸袋重;计算每盆中的苗的平均干重。按式(3-14)至式(3-16)计算,比较不同实验处理组的单位面积产量,验证最后产量恒值法则,然而作图以检验是否满足–3/2 自疏法则。

3.8.6 注意事项

①研究时尽量保证各处理的培养条件(温度、水分及养分等)一致性,以减少取样误差。

②相同实验处理的植物可以放在一起烘干、称重,求其平均生物量。

思考与练习

1. Lincoln 指数法种群调查的适应范围是什么？
2. 哪些因素会造成"基于模拟标记重捕法种群数量测定"的误差？
3. 请简述样方坡度、面积、植物分布状况对种群密度与频度统计结果的影响？
4. 不同种群空间分布格局类型的形成原因是什么？
5. 如何根据生长锥测定年轮并绘制树木生长速率坐标图？
6. 哪些因素能够导致"模拟方法编制生命表"的误差？

第4章 森林群落生态学研究方法

全球变化将影响森林群落结构及其动态变化。本章旨在培养学生有关森林群落特征的基本实验研究技能，深化群落组成、群落结构、群落动态与群落分类排序的生态学基础理论的认识。

4.1 森林群落种类组成调查

4.1.1 研究目的

掌握最小面积的确定方法；初步认识群落种类组成。

4.1.2 研究原理

种类组成表征一个群落由哪些乔木、灌木以及林下植物种类所组成，是决定群落性质最重要的因素，也是鉴别不同群落类型的基本特征。通常采用最小面积法统计一个群落或一个地区的生物种类名录。最小面积是指能够为特定群落提供足够环境空间或能保证展现该群落的种类组成和结构的最小群落面积，或能包括群落绝大多数种类，并表现群落一般结构特征的最小面积。

4.1.3 实验器材

皮尺、测绳、花杆、海拔仪、指北针、记录板等。

4.1.4 研究步骤

采用种类-面积曲线法调查群落种类组成，即在按一定比例增加取样的同时，记载与面积相应的植物种类和植物种累计数。具体方法如下：

①根据植物群落中的优势种、外貌特征和地形部位的变化选择典型调查地段。

②按巢式小区的几何系统法逐步扩大取样面积，按$4m^2$面积开始。具体取样方式与顺序可选下列两种之一。

按图4-1(a)的方式扩大，则是：第1次取样面积为$2m×2m$；1+2为第2次取样累计面积为$2m×4m$；1+2+3为第3次取样累计面积为$4m×4m$；1+2+3+4为第4次取样累计面积为 4m×8m；其余类推。

按图 4-1(b)的方式扩大，则是：第 1 次取样面积为 2m×2m；1+2 为第 2 次取样面积为 4m×4m；1+2+3 为第 3 次取样面积为 8m×8m；其余类推。

在不断地扩大累计取样面积的同时，应记载相应出现的新种名称、生活型和累计种数，记入表 4-1 中。

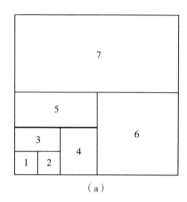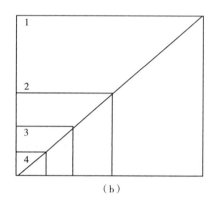

图 4-1 巢式小区的几何系统法逐步扩大取样面积

③以直角坐标系的轴代表从小到大累计的取样面积上所发现的累计植物种数，绘制出种类-面积曲线。

④确定表现面积。在最初一些取样次数的相应面积中累计的种类数会上升得较快，种类-面积曲线表现较陡。随着取样次数的增加，累计的取样面积增大，则新出现的种类数逐渐减少，而重复出现的种类数逐渐增多。当面积再增大时，累计的种类变化很小甚至无变化，种类-面积曲线趋向于平稳，此时在曲线上出现一个由陡变缓的转折点，继续扩大累计的取样面积已无意义，它说明这一转折点所对应的累计取样的面积对揭示群落的种类成分而言已满足需求。我们把处于转折点的面积称为该群落的表现面积或最小面积。

4.1.5 结果与分析

整理表 4-1，绘制种类-面积曲线。

表 4-1 种类-面积曲线

取样次数(次)	累计面积(m^2)	出现新种数(种)	累计种类(种)	种类名录
1				
2				
3				
4				
5				
6				
7				
8				

4.1.6 注意事项

①应当根据该群落的特征、分布状况选择在有代表性的地段取样调查。

②在扩大面积时，不要超出该群落所固有的特征之外，这可以比较容易地由优势树种、地形部位等方面加以确定。

③调查过程中对一些灌木、草本种类不能在野外定名时，应立即采集标本，在标本上编注号码，并在表4-1中记载相应的编号，以便查对种名。

4.2 森林群落成员型及结构调查测定

4.2.1 研究目的

掌握森林群落基本特征调查的基本方法，达到认识群落的目的；通过测定多度、密度、高度、盖度、频度、重要值等数量特征，认识群落成员型组成；通过分析森林群落各层植物的数量特征，初步认识群落组成、外貌与结构等基本特征。

4.2.2 研究原理

群落成员型是指物种在群落中不同的地位与作用，其中优势种对群落结构和环境形成有明显控制作用，通常是个体数量多、投影盖度大、生物量高、体积较大、生活能力较强，即优势度较大的种。种类组成的数量特征是近代群落分析技术的基础。多度、密度、盖度、频度、重要值等数量特征指标，是描述群落基本特征的重要指标。

4.2.3 实验器材

皮尺、钢卷尺、测绳、枝剪、铅笔、标签、方格纸、调查表格、植物检索表等。

4.2.4 研究步骤

采用全面踏查和样方法相结合的调查方法。基本步骤包括以下内容：

(1)全面踏查

对所要进行调查的植被地段全面踏查一遍，选定若干个具有代表性的区域作为固定或临时样地。

(2)样方调查

样方调查是生态学野外调查常用的研究方法。样方面积一般不小于群落的最小面积。常用的热带森林的样方面积为40m×40m，亚热带森林为20m×20m，温带森林为10m×10m，灌丛为2m×2m，草本植物为1m×1m。一般重复3~5次，乔木、灌木、草本样方调查表见第1章1.5森林生态学研究调查与采样。

(3)群落数量指标调查

①物候期：是全年连续定时观察的指标，群落物候反映季相和外貌，故在一次性调查中记录群落中各种植物的物候期仍有意义。物候期可划分5个物候期，即营养期、花蕾期、开花期、结果期、休眠期。如果某植物同时处于花蕾期、开花期、结果期，

则选取一定面积,估计其一物候期达50%以上者的进行记录,其他物候期记在括号中,如开花期达50%以上者,则记开花期(花蕾期+)。

②生活力:又称生活强度或茂盛度。这也是全年连续定时记录的指标。一次性调查中只记录该种植物当时的生活力强弱,主要反映生态上的适应和竞争能力,不包括因物候原因生活力变化者。生活力一般分以下3级。

强(或盛):●(营养生长良好,繁殖能力强,在群落中生长势很好)。

中:不记(生活力中等或正常,即具有营养和繁殖能力,生长势一般)。

弱(或衰):○(营养生长不良,繁殖很差或不能繁殖,生长势很不好。

③树高和干高:指一棵树从平地到树梢的自然高度。先用魏氏测高仪实测群落中3~5标准树木(取增值),其他各树则估测,估测时均与此标准相比较。

测高仪的使用方法:使用时先要测出测点至树木的水平距离,且要等于整数10m、15m、20m、30m,测高时,按动仪器背面的制动按钮,让指针自由摆动,用瞄准器对准树梢后,按下制动按钮,固定指针,在刻度盘上读出对应于所选水平距离的树高值,在平地测高时还要加上眼高才是树高。在坡地上时,先观测树梢,求得A,再观测树基求得B,若两次观测符号相反(仰视为正俯视为负),则全树高为$A+B$,若两次观测值符号相同,则树高为$A-B$。

目测树高可采用积累法或分割法。积累法,即树下站一人,举手为2m,然后2、4、6、8,往上积累至树梢;分割法,即测者站在距树远处,把树分割成1/2、1/4、1/8、1/16,如果分割至1/16处测量为1.5m,则1.5m×16=24m,即为此树高度。

干高即为枝下高,是指此树干上最大分枝处的高度,这一高度大致与树冠的下缘接近,干高的估测与树高相同。

④胸径和基径:胸径指乔木树种的胸高直径,大约为距地面1.3m处的树干直径,是计算显著度所必需的数据。一般采用围径尺(或轮尺)测量。如果碰到一株从根基部萌发的大树,一个基干有3个萌干时,则必须测量3个胸径,在记录时用括号划在一个植株上。胸径2.5cm以下的小乔木,一般不必在乔木层调查中测量,在灌木层中调查即可。

基径是指灌木或草本植物基部的直径,是计算基盖度时必须要用的数据,测采用围径尺或轮尺测量。一般测量位置是距地面3cm处。同样必须实测,不要任意估计。

⑤冠幅、冠径和丛径:冠幅指树冠的幅度,专用于乔木调查时树木的测量。用皮尺通过树干在树下量树冠投影的长度,然后再量树下与长度垂直投影的宽度。如长度为4m,宽度为2m,则记录下此株树的冠幅为4m×2m。

冠径和丛径均用于灌木层和草本层的调查,其目的在于了解群落中各种灌木和草本植物的固化面积。冠径指植冠的直径,用于不成丛单株散生的植物种类,测量时以植物种为单位,选择一个平均大小(即中等大小)的植冠直径,记一个数字即可,然后再选一株植冠最大的植株测量直径记下数字。丛径指植物成丛生长的植冠直径,在矮小灌木和草本植物中各种丛生的情况较常见,故可以丛为单位,测量共同种各丛的一般丛径和最大丛径。

⑥盖度(总盖度、层盖度、种盖度):群落总盖度是指一定样地面积内原有生活着

的植物覆盖面的百分率。这包括乔木层、灌木层、草本层等各层植物。所以相互层之重叠的现象是普遍的，总盖度不管重叠部分。

总盖度：如果全部覆盖地面其总盖度为100%，如果林内有一个小林窗，地表正好为裸地，太阳光直射时光斑约占盖度的10%，其他地面或为树冠或为草本覆盖，故此样地的总盖度为90%。总盖度可以采用缩放尺绘于方格纸上，再按方格面积确定盖度的百分数。

层盖度：指各分层的盖度，实测时可用方格纸在林地内勾绘，比估计要准确得多。

种盖度：指各层中每个植物种所有个体的盖度，一般也可目测估计。盖度很小的种，可略而不计，或计小于1%。

个体盖度：指上述的冠幅、冠径，是以个体为单位可以直接测量。

由于植物的重叠现象，故个体盖度之和不小于种盖度，种盖度之和不小于层盖度，各层盖度之和不小于总盖度。

多度盖度综合级分10级填写，其标准如下：1级为数量极少，盖度<1%；2级为数量稀少，盖度1%~3%；3级为数量稀疏，盖度3%~5%；4级为数量多，盖度5%~10%；5级为盖度10%~25%；6级为盖度55%~33%；7级盖度为33%~50%；8级为盖度50%~75%；9级为盖度>75%；10级为盖度100%。

⑦频度和相对频度：

$$\text{频度} = \text{某种植物出现的样方数}/\text{样方总数} \times 100 \tag{4-1}$$

英美学派的相对频度是指一个群落中在已算好的各个种的频度的基础上，再进一步求算各个种的频度相对值。其计算公式如下：

$$\text{相对频度} = \text{某种植物的频度}/\text{全部植物的频度之和} \times 100 \tag{4-2}$$

群落各层数量指标计算：

$$\text{密度}(\text{株}/\text{hm}^2) = \text{一个种的个体数}/\text{样方总面积}(\text{m}^2) \times 10000 \tag{4-3}$$

$$\text{相对密度}(\%) = \text{一个种的密度}/\text{所有种的密度之和} \times 100 \tag{4-4}$$

$$\text{显著度}(\text{cm}^2/\text{m}^2) = \text{一个种胸高断面积之和}/\text{样地的总面积} \tag{4-5}$$

$$\text{相对显著度}(\%) = \text{一个种的显著度}/\text{所有种的显著度之和} \times 100 \tag{4-6}$$

$$\text{相对基盖度}(\%) = \text{一个种的基盖度}/\text{所有种的基盖度之和} \times 100 \tag{4-7}$$

$$\text{频度}(\%) = \text{一个种出现的样方数}/\text{所有种的个体总数} \times 100 \text{样方总数} \tag{4-8}$$

$$\text{相对频度}(\%) = \text{一个种的频度}/\text{所有种的频度之和} \times 100 \tag{4-9}$$

$$\text{乔木层重要值}(\%) = (\text{相对密度} + \text{相对显著度} + \text{相对频度})/3 \tag{4-10}$$

$$\text{灌木层}(\text{草本层})\text{重要值}(\%) = (\text{相对频度} + \text{相对基盖度})/2 \tag{4-11}$$

4.2.5 结果与分析

按式(4-10)和式(4-11)，计算群落中各植物种的重要值，并根据其大小分别按乔木层、灌木层与草本层排出各种的重要值序，最终确定该群落的成员型。

建群种：重要值序第1位的植物，森林群落为乔木层重要值序第1位的植物种类。

优势种：重要值位于第为2和3位的植物种，森林群落为乔木层中重要值位于第2位及接近第2位的植物种；或灌木层重要值序第1位、第2位和第3位的植物种。

伴生种：不属上两类，但频度大于40。
偶见种：频度小于30。

4.2.6 注意事项

①踏查过程，要注意所选样地的代表性，尽量选择地形平坦、植物分布均匀的地点。

②样方面积应大于最小面积。

4.3 森林群落生活型谱测定

4.3.1 研究目的

掌握群落生活型谱的调查方法；初步认识生活型类型与群落结构的关系；了解生活型谱与气候条件的关系。

4.3.2 研究原理

生活型是植物对其生态环境长期适应而具有的相似形态、外貌、结构和习性，如乔木、灌木、草本、藤本、垫状植物等。瑙基耶尔（Raunkiear）生活型分类系统，主要依据植物度过不利季节的休眠芽与地面的距离划分以下5种生活型。

高位芽植物（phaenerophyte）：度过不利生长季节的休眠芽位于距地面25cm以上。乔木、灌木、热带藤本、附生植物、高茎肉质植物都属此类。

地上芽植物（chamaephyte）：休眠芽位于地表或接近地表，距地表的高度一般不超过25cm。如匍匐灌木、矮木本植物、矮肉质植物、垫状植物。

地面芽植物（hemicryptophyte）：地上部分在生长季结束时死去，留下休眠芽在地表或地表下被积雪或枯枝落叶保护。包括多年生草本、半莲座状植物、莲座状植物。

隐芽植物（cryptophytes）：休眠芽位于土壤表层以下或没于水中，如根茎植物、球茎、块根植物、水面植物、沉水植物。

一年生植物（therophytes）：以种子度过不利季节的植物，如一年生草本植物。

$$\text{某生活型的百分率} = \text{该生活型的植物种数} / \text{该群落所有的植物种数} \times 100\% \quad (4\text{-}12)$$

群落中各生活型百分率序列即为该群落的生活型谱

4.3.3 实验器材

皮尺、花杆、海拔仪、指北针、记录板等。

4.3.4 研究步骤

随机设置3~5个调查样方，按样方法对植物种类、数量等群落特征指标进行调查统计。热带森林的样方面积为40m×40m、亚热带森林为20m×20m、温带森林为10m×10m；灌丛为2m×2m、草本植物为1m×1m。

4.3.5 结果与分析

调查各样方中植物种类的生活型,统计入表4-2。确定群落的生活型谱,分析该群落生活型构成的特征,并说明其反映的气候类型。

表4-2 植物群落的生活型谱

项 目	高位芽(Ph)	地上芽(Ch)	地面芽(H)	地下芽(Cr)	一年生(Th)	总 计
生活型种数						
生活型占比(%)						

4.3.6 注意事项

①样地选择应根据不同群落的特征及分布状况,在有代表性的地段上调查取样。
②一些生活型物种在野外难以定名时,应采集标本、编注号码,以备鉴定后查对。

4.4 森林群落物种多样性测定

4.4.1 研究目的

了解各类森林群落物种多样性指数的特点、测度方法及其生态学意义;熟悉并掌握常用物种多样性指数,如香农指数(Shannon index)的计算方法。

4.4.2 研究原理

物种多样性是群落生物组成结构的重要指标,它不仅可以反映群落组织化水平,而且可以通过结构关系间接反映群落功能的特征。物种多样性具有两层含义:一是指一个群落中物种数目的数量(丰富度);二是指一个群落中全部物种个体数目的分配状况(均匀度);而物种多样性指数是丰富度和均匀性的综合指标。

(1) 丰富度指数

①Gleason(1922)指数:

$$D = S/\ln A \tag{4-13}$$

式中,S为群落中物种的总数目;A为单位面积。

②Margalef(1951,1957,1958)指数:

$$D = (S-1)/\ln N \tag{4-14}$$

式中,S为群落中物种的总数目;N为群落中所有个体总数。

(2) 均匀度指数:

$$E = H'/\ln S \tag{4-15}$$

式中,H'为Shannon多样性指数;S为群落中物种的总数目。

(3) 多样性指数

①Simpson多样性指数:

$$D = 1 - \sum P_i^2 \tag{4-16}$$

式中，P_i 为第 i 种的个体数占群落中总个体数的比例。

②Shannon 多样性指数：

$$H' = -\sum P_i \ln P_i \tag{4-17}$$

式中，P_i 为第 i 种的个体数占群落中总个体数的比例。

4.4.3 实验器材

计算机、计算器、皮尺、钢卷尺、测绳、枝剪、铅笔、标签、方格纸、调查表格、植物检索表等。

4.4.4 研究步骤

按样方法对森林植物群落进行调查物种数及各物种个体数量；按样方调查表进行数据统计整理；按 Gleason 指数、Margalef 指数、Simpson 指数、Shannon 均匀度指数等公式分别计算多样性指数；通过对不同公式计算结果的分析比较，比较不同森林群落的多样性。

4.4.5 结果与分析

按照群落多样性指数计算公式，结果列入表 4-3，比较由 2~3 个物种组成的 3 个群落的多样性大小。

表 4-3 不同群落的多样性大小比较

	物种 1	物种 2	物种 3	…	Gleason 指数	Margalef 指数	Shannon 均匀度指数	Simpson 指数	Shannon 指数
群落 A									
群落 B									
群落 C									

4.4.6 注意事项

①调查样地应选择在地势平坦、植物分布较均匀且群落边缘离道路至少 5m。

②样方数量保证在 3 个以上。

4.5 森林群落相似性与聚类测定

4.5.1 研究目的

基于群落的种类组成、密度、盖度、优势度及重要值等数量指标测定，掌握群落相似性与聚类分析方法；掌握相似性及聚类分析的技术要点，培养学生灵活运用所学理论的能力。

4.5.2 研究原理

相似性与聚类分析是群落排序和分类的基础。群落相似性分析是根据所处理的数据结果判断两个群落之间的相似程度。

群落相似程度的指标有两类：一类是相似系数如关联系数，直接反映两群落间的相似程度；另一类是相异性系数如距离系数，反映两群落间的相异程度。

聚类分析是根据各群落间的相似关系，将群落归纳为若干组，使组内的群落尽量相似，而组间群落尽量相异，从而在客观上达到对群落分类的目的。在聚类分析中，一般把一些实体作为基本单位，就群落生态学来说，实体可以是样方、标地、地段、群落等，而把描述实体的各种特征作为属性，如种的存在度、种的频度、个体数量等。常见聚类分析方法包括等级聚合分类法、等级分划分类法等。

4.5.3 实验器材

样绳、皮尺、钢卷尺、野外实验用纸、记录本、记录笔等。

4.5.4 实验步骤

(1) 样地设置与调查

按照"均匀性、代表性、典型性"的原则在野外不同的自然生境中选择样地，根据实际需要在样地中作面积适当的样方若干个，如 20m×20m、10m×10m、5m×5m 等。如果设立样方面积较大，可在大样方中沿纵横两个方向分别拉平行线，把大样方分为若干个面积相同的小样方，以利于样方内各种特征的调查。对选取的样方进行植物调查前，应详细记录样地所在地的环境因子特征，如海拔、坡度、坡向等，记录样方内出现植株的种类、每种植株的个体数量、盖度、高度、胸径等数量特征。

(2) 群落相似性分析

①相似百分数：计算所调查各群落内植株的重要值，公式如下：

$$重要值(IV) = (相对多度+相对频度+相对盖度)/3 \tag{4-18}$$

计算两个群落的相似百分数，公式如下：

$$SI = 2a/bc \times 100\% \tag{4-19}$$

式中，SI 为所比较两个群落的相似百分数；a 为两个群落共有种的重要值之和；b、c 分别为两个群落中非共有种植物的重要值之和。

②关联系数：

$$V = x^2/N \tag{4-20}$$

式中，V 为关联系数，是较早提出的相似系数；x^2 均方关联系数的取值范围在 (0，1) 之间；N 为实体数。

$V>0$ 为正关联，$V<0$ 为负关联。

③距离系数：以属性数据为坐标，以坐标空间的点表示每个样方，或将每个属性表示成样方空间的点，这样两实体的相异性可以通过点间距离表示，距离越大，相异性越大。所有的距离系数均适用于数量数据，同时也可以处理二元数据。常用的有欧氏距离系数(Euclidean Distancce)和布雷-柯蒂斯(Bray-Curtis Distance)距离系数。

(3) 群落的聚类分析

①关联分析法：关联分析法一般只适用于二元数据，由 Goodall 最先提出，该法须考察种与种之间的关联系数矩阵，从中找出与其他种关联最大者为分划临界种，常用

的关联系数为均方关联系数和卡方系数。

②组平均聚合法：组平均聚合法是按照平均性质的一种聚合方法。

4.5.5 结果与分析

计算各群落的相似百分数、关联系数、距离系数，判断各群落之间的相似性；进一步根据关联分析与聚合分析，对群落进行聚类。

4.5.6 注意事项

①关联分析时因每次只用一个种，在种数太少时有可能夸大一些偶见种的作用，建议在样方中去除存在度在 95% 以上和 5% 以下的种，并去除一些种数过少的样方。

②群落相似性分析与聚类分析，在样方数较多的情况下，数据处理会相当烦琐，建议用一些相关软件数据处理，如 Excel、SPSS 群落聚类分析。

4.6 森林群落分类与排序

4.6.1 研究目的

通过群落的分类和排序，认识生物群落既有连续的一面，又有间断的一面；了解在研究过程中，使用哪一种分类方法，要根据研究对象和研究目标来确定。

4.6.2 研究原理

长期以来，存在两种认识群落的观点：一种认为群落就如同一个有机体，具有明确的界限，群落之间是间断的，认为群落是可以分类的，称为"机体论学派"；另一种观点认为群落是连续的，认为应采取生境梯度分析的方法即排序来研究群落变化，称为"个体论学派"。

群落学物种组成分析方法通常有两种：梯度分析（排序）和聚类分析（分类）。梯度分析泛指任何以揭示物种组成数据与实测或潜在的环境因子之间关系的方法。排序的过程是将样方或植物种排列在一定的空间，使得排序轴能够反映一定的生态梯度，从而能够解释植被或植物种的分布与环境因子间的关系，也就是说排序是为了揭示群落与环境间的生态关系。因此，排序也称为梯度分析（gradient analysis）。

4.6.3 实验器材

GPS、计算器、皮尺、钢卷尺、测绳、剪枝剪以及主成分分析（PCA）、典范分析（CCA）对应分析（DCA）及 TWINSPAN 二维指标种分类等软件包。

4.6.4 研究步骤

野外选择沿海拔高度或沿某一环境梯度方向上森林群落类型比较明显的区域，沿不同海拔或不同环境梯度上设置不同群落样地，获取群落排序与分类所需的群落数量参数；

获取研究区域气象资料、地理参数数据及土壤参数(有机质、氮、磷、钾)数据；

基于森林群落排序与分类基本原理，选择几种排序与分类方法，结合野外获取的森林群落数量参数及环境因子数据，对不同海拔或不同环境梯度上森林群落进行分类与排序。

4.6.5 结果与分析

比较主成分分析(PCA)、典范分析(CCA)对应分析(DCA)及TWINSPAN等不同方法对群落分类排序结果之异同，并对结果进行环境解释。

4.6.6 注意事项

①选择排序方法时，应该使由降维引起的信息丢失尽量少，即发生最小的畸变。
②排序时尽量用二维、三维的图形表示实体，以便直观了解实体点的排列情况。

思考与练习

1. 如果森林群落单株林木占地面积很大或树下植物稀少，确定最小面积过程时是否需要扩大初始面积？
2. 请简要说明植物相对显著度与相对基盖度的异同。
3. 灌木、草本与乔木重要值计算方法之间有何不同？
4. 请简要说明植物休眠芽的判定方法。
5. 请简要说明物种多样性在森林群落中的功能和作用。
6. 影响森林群落的物种多样性的因素有哪些？
7. 何谓森林群落的相似性分析？
8. 何谓森林群落的聚类分析？
9. 请简要说明群落分类与排序之间的区别与联系。

第5章 森林生态系统生态学研究方法

全球变化将显著改变陆地生态系统的物质循环与能量流动的大小、方向及过程。森林生态系统作为陆地生态系统的重要组成部分，具有相对复杂的结构、功能及生态学过程，能够对人类活动导致的全球变化产生敏感响应。

森林生态系统生态学是以系统论和生态学相结合，把森林看作是一个生态系统，研究其组成、结构、演替变化、物能流动、信息传递规律及系统潜在生产力。本章旨在培养学生有关森林生态系统物质循环与能量流动的基本研究研究技能，深化生态系统生产过程、养分周转与归还、碳氮物质过程及循环速率的生态学基础理论的认识。

5.1 植物初级生产量测定

5.1.1 研究目的

掌握植物初级生产量的测定方法；通过测定植物初级生产量，了解森林群落不同植物的生长特点、生产力大小，分析群落初级生产量，了解不同功能群的作用。

5.1.2 研究原理

生态系统中的能量流动开始于绿色植物通过光合作用对太阳能的固定。因为这是生态系统中第一次能量固定，所以植物所固定的太阳能或所制造的有机物质称为初级生产量。在初级生产过程中，植物固定的能量有一部分被植物自己的呼吸消耗掉，剩下的可以用于植物生长和生殖，这部分生产量称为净初级生产量(NP)，而包括呼吸(R)在内的全部生产量，称为总初级生产量(GP)。三者之间的关系是：

$$GP = NP + R \tag{5-1}$$

式中，3个量的单位都为 $J/(m^2 \cdot a)$。

净初级生产量是可供生态系统中其他生物利用的能量。生产量通常用每年每平方米所生产的有机物质干重 $[g/(m^2 \cdot a)]$ 或每年每平方米所固定能量 $[J/(m^2 \cdot a)]$ 表示。因此，初级生产量也称为初级生产力，它们的计算单位是完全一样的，但在强调"率"

的概念时，应当使用生产力。但生产量和生物量是两个不同的概念，生产量含有速率的概念，是指单位时间单位面积上的有机物质生产量，而生物量是指在某一定时刻调查时单位面积上积存的有机物质量，单位是干重 g/m^2 或 J/m^2。

5.1.3 实验器材

铁铲、锄头、标本夹、记录本、剪刀、海拔仪、光度计、望远镜、GPS、罗盘仪、坡度计、烘箱、天平、测高仪、电刨、锯刀、放大镜。

5.1.4 研究步骤

初级生产量的测定方法采用收获量测定法，通过收割、称量绿色植物的实际生物量来计算初级生产力，常用于森林生态系统等的是生产力估算，即定期收割植被，烘干至恒重，然后以每年每平方米的干物质重量来表示。取样测定干物质的热量，并将生物量换算为 $g/(m^2 \cdot a)$。测定步骤如下：

①设置各植被样方，方法见本书 1.5.2 调查与采样方法。

②调查样地内乔木、灌木、草本和凋落物基本特征，方法见本书 1.5.2 调查与采样方法。

③对样方内各部分进行采样，具体如下：

乔木层：采用"全挖法"伐倒 3 株在平均胸径范围内的乔木，用于估算乔木层各器官的生产量。3 株乔木基于胸径范围和树高优势进行随机选择。伐倒后，记录冠层长、宽，并剥下叶子、枝、果实，其中死枝、活枝分别剥下。冠层分为上、中、下三个部分。1/3 新鲜的叶、枝和果实在野外使用天平测定生物量鲜重。

每个样地中 3 株乔木的所有枝叶剥去后，将树干分为 10 个高度相似的部分。每部分树干的鲜重在野外测定。分别在树高的 1.3m 处，50%高度处和 75%高度处取高度为 2cm 的圆盘，用于带回室内测定木质密度。从树干上移走树皮来测定树皮生物量鲜重。使用胸径尺测定有树皮和无树皮的树干直径并记录。同时，样地中出现的枯立木生物量也做记录。

另外，仔细和小心挖掘地下部分包括根桩、细根（<0.2cm 和 0.2~0.5cm 根）、中根（0.5~2cm 根）和粗根（2~5cm 和>5cm 根）的样品，并在野外测定每个部分生物量鲜重。在测定之前将根系中的土壤仔细清除。

在野外测定并记录乔木中的每一部分中的生物量鲜重后，收集部分样品带回研究室在 65℃烘箱中烘干后测定干重，计算鲜样/干样比来推算总干重。将伐倒木的生物量通过回归模型来转换为区域内的生产量，并构建乔木生物量异速生长方程。

自从 Kittredge 用胸径估计树木的叶量以来，相关生长关系在定量生态学中得到了普遍应用。式 5-2 的相关干系生物量与生长中的树高和胸径或整个树体生物量与其他部分之间，一般是吻合的。用这种关系，对各种大小林木能间接换算为单位土地面积上的生物量。因此，测定乔木纯林时，可采用相关生长关系建立起乔木各器官之间的回归方程。

林下植被层：在样地中的灌木（2m×3m）、草本（1m×1m）样地中，伐倒所有灌木层和草本层样品，并测定生物量鲜重。灌木层被分为叶、茎、根，草本层分为地上部分和地下部分。记录林下植被层的名称和覆盖面积。同样,取新鲜样品带回研究室在 65℃烘箱中烘干后测定恒重,计算测定鲜重/干重比来推算总干重。

凋落物层:在每个样地中设置 5 个凋落物框,凋落物框面积为 1m×1m,中心栓有金属网眼的网丝,四周由木棍支撑放置在距离地面约为 50cm 的高度,收集框内凋落物,测定鲜重,并带回实验室烘干测定干重,分为叶、枝、果实和其他(包括树皮、小枝、碎片)。

样品带回实验室在 65℃烘箱中烘至恒重,测定湿重/干重比。

5.1.5 结果与分析

乔木层生物量可用下式计算:

$$W = a(D^2H)^b \tag{5-2}$$

式中,W 为生物量(g/m^2);D 为 1.3m 处植株胸径(m);H 为树高(m);a、b 为模型参数。

灌林下植被层、凋落物层准确称量烘干称重后,生物量以 g/m^2 记录。

5.1.6 注意事项

①初级生产量和生物量两者概念不同,不能混淆。

②初级生产量和总初级生产量的区别两者概念不同,总初级生产量是一定时间内绿色植物把无机物质合成为有机物质的总数量或固定的总能量,初级生产量是自养生物通过光合作用或化能合成作用产物的数量;初级生产量包含总初级生产量和净初级生产量,净初级生产量是总初级生产量减去自养生物在光合作用或化能合成作用的同时因呼吸作用所消耗的量。

5.2 植物凋落物分解速率及碳氮养分释放测定

5.2.1 研究目的

通过模拟实验,理解凋落物质量残留率计算的基本原理;掌握凋落物质量残留率、凋落物分解所需时间的计算过程;初步认识凋落物分解在生态系统碳循环和养分循环中的作用。

5.2.2 研究原理

凋落物作为连接森林植被和森林土壤的重要组成部分,其分解过程是森林生态系统物质循环和能量流动的重要途径,同时作为碳周转和养分循环的重要载体,该过程对于生态系统中碳和氮的有效性具有重要意义。森林凋落物的分解包括凋落物的破碎、水溶性化合物的淋溶及有机物和矿质化合物的转化等过程。凋落物分解过程中碳含量在凋落物分解过程中表现为上升—下降的过程,而氮的变化状态分为 3 个过程:淋溶(释放)、固定(N 吸收)、矿化(N 释放)。

5.2.3 实验器材

分解袋、电子天平、烘箱等。

5.2.4 研究步骤

分别收获森林植被林下新鲜凋落叶、凋落枝（根据自然条件下的凋落物枝的情况，收集样品包括不同大小和不同径级）；同一林分的凋落物充分混匀，风干，分别准确称重叶和枝 10g；将风干的样品分别装入大小为 20cm×20cm 的分解袋（分解袋上下表面网孔孔径为 1mm×1mm）；拨开土壤表面凋落物，将分解袋放置于土壤表面；于每月中旬对凋落叶和凋落枝进行取样，每月各样方取凋落叶 3 袋、凋落枝 3 袋；取回分解袋后，清除侵入的根系，泥沙，烘干至恒重称量，用于计算质量残留率。

5.2.5 结果与分析

凋落物质量残留率测定采用以下计算公式：

$$R = \frac{M_t}{M_0} \times K \times 100\% \tag{5-3}$$

式中，R 为凋落物质量残留率(%)；M_0 为凋落物起始风干样品重量；M_t 为凋落物 t 时间烘干样品重量；K 为 M_0 转化为干重的转换系数。

凋落物分解 50%($T_{50\%}$)和 95%($T_{95\%}$)所需时间的计算方法如下：

$$T_{50\%} = -\ln(1-0.50)/k \tag{5-4}$$

$$T_{95\%} = -\ln(1-0.95)/k \tag{5-5}$$

式中，k 为年分解系数。

凋落物养分释放率测定计算公式如下：

$$N = 1 - N_R = 1 - \frac{N_t \times M_t}{N_0 \times M_0} \times K \times 100\% \tag{5-6}$$

式中，N 为凋落物(C、N)养分释放率；N_R 为凋落物(C、N)养分残留率；N_t 为凋落物 t 时刻养分含量(mg/g)；M_t 为凋落物 t 时刻烘干样品重量(g)；N_0 为初始养分含量(mg/g)；M_0 为凋落物起始风干样品重量(g)；K 为 M_0 转化为干重的转换系数。

5.2.6 注意事项

①注意分解袋放在土壤表面前，要拨开土壤表面凋落物。
②注意分解袋取回后，烘干前需清除侵入的根系和泥沙。

5.3 森林土壤有机碳储量测定

5.3.1 研究目的

理解森林土壤有机碳储量测定的基本原理；掌握森林土壤有机碳储量的计算过程，初步认识其在当前及未来森林碳储量、碳排放及收支平衡中的作用。

5.3.2 研究原理

由于化石燃料的大量燃烧、森林的大量砍伐和土地类型的变化,全球温室气体浓度大量增加,导致全球气候正在发生着深刻的变化。气候的变化会对生态系统中的碳、氮、磷、硫的物质循环过程产生影响。森林碳储量是陆地生态系统碳储量的主要部分,森林的固碳能力成为影响大气中CO_2浓度、影响全球碳含量分布的重要原因,在全球气候变化、碳循环机制的研究中具有重要意义。

森林土壤有机碳(SOC)主要分布于土层1m深度以内,碳总储量为1220Pg,约占陆地土壤碳库的40%。土壤碳库的稳定、增长或衰减都与大气二氧化碳变化密切相关。据推测,在2m土层中的土壤有机质质量分数增加5%~15%可减少大气中16%~30% CO_2。因此,增加土壤碳库和保持土壤碳库的稳定性对缓解全球变暖趋势具有同样重要意义。

5.3.3 实验器材

环刀、铝盒、烘箱、分光光度计、电子天平、恒温加热器、具塞消解玻璃管、离心机、土壤筛、硬质试管(18mm×180mm)、油浴锅、铁丝笼、电炉、温度计(0~200℃)、分析天平(感量0.0001g)、滴定管(25mL)、移液管(5mL)、漏斗(3~4cm)、三角瓶(250mL)、量筒(10mL、100mL)等。

5.3.4 研究步骤

①在典型地段分别设置20m×20m的标准样地3块,记录各标准样地的经纬度、海拔、坡度、坡位、坡向、土壤类型、地形等信息,具体见表1-2和表1-6。

②分别在每块标准样地内挖掘剖面3个,剖面采集深度均为100cm,按照0~10cm、10~20cm、20~30cm、30~50cm、50~70cm和70~100cm 7层土层采集土壤样品。

③每层采集环刀样品3个,带回实验室在烘箱105℃下烘至恒重,测定并计算每层土壤样品容重。

④每层土壤样品充分混合之后,移除土壤中的根、叶和其他成分,之后过2mm筛。

⑤将样品风干,并仔细研磨成粉末状,过0.149mm筛。

⑥将鲜样放在105℃烘箱内烘干至恒重,通过干重和含水量来计算土壤含水量。

⑦土壤有机质含量采用重铬酸钾氧化-外热源法测定,主要步骤如下:

a. 在分析天平上准确称取通过60目筛子(<0.25mm)的土壤样品0.1~0.5g(精确到0.0001g),用长条蜡光纸把称取的样品全部倒入干的硬质试管中,用移液管缓缓准确加入5mL 0.800mol/L(1/6 $K_2Cr_2O_7$)标准溶液,然后用注射器注入5mL浓硫酸,并小心旋转摇均,然后在试管口加一小漏斗。

b. 预先将液体石蜡或植物油浴锅加热至185~190℃,将试管放入铁丝笼中,然后将铁丝笼放入油浴锅中加热,放入后温度应控制在170~180℃,待试管中液体沸腾发生气泡时开始计时,煮沸5min,取出试管,稍冷,擦净试管外部油液。

c. 冷却后，将试管内容物小心仔细地全部洗入 250mL 的三角瓶中，使瓶内总体积在 60~70mL，保持其中硫酸浓度为 1~1.5mol/L，此时溶液的颜色应为橙黄色或淡黄色；然后加邻啡罗啉指示剂 3~4 滴，用 0.2mol/L 的标准硫酸亚铁（$FeSO_4$）溶液滴定，溶液由黄色经过绿色、淡绿色突变为棕红色即为终点。

d. 在测定样品的同时必须做两个空白实验，取其平均值。可用石英砂代替样品，其他过程同上。

⑧分别根据以下公式计算土壤容重、有机碳含量及碳储量。

5.3.5 结果与分析

①土壤容重计算如下：

$$d_v = \frac{(W - W_{环})}{V} \tag{5-7}$$

式中，d_v 为土壤容重（g/cm^3）；W 为烘干后环刀重+干土重（g）；$W_{环}$ 为环刀重（g）；V 环刀的体积（cm^3）。

②土壤有机碳含量计算如下：

$$C_i(\%) = \frac{\frac{c \times 5}{V_0} \times (V_0 - V) \times 10^{-3} \times 3.0 \times 1.1}{m \times k} \times 100 \tag{5-8}$$

式中，C_i 为第 i 层土壤有机碳含量（%）；c 为 0.800mol/L（$1/6K_2Cr_2O_7$）标准溶液的浓度；5 为重铬酸钾标准溶液加入的体积（mL）；V_0 为空白滴定用去 $FeSO_4$ 体积（mL）；V 为样品滴定用去 $FeSO_4$ 体积（mL）；10^{-3} 为将 mL 换算为 L；3.0 为 1/4 碳原子的摩尔质量（g/mol）；1.1 为氧化校正系数，由于该方法对土壤有机质的氧化约为 90%，故测定结果还应乘以校正系数 100/90=1.1；1.724 为土壤有机质平均含碳量为 58%，要换算成有机质则应乘以 100/58=1.724；m 为风干土样质量（g）；k 为风干土样换算成烘干土的系数。

③有 k 层的土壤有机碳储量（SOC）由以下公式来计算：

$$SOC_t = \sum_{i=1}^{k} SOC_i = \sum_{i=1}^{k} C_i D_i E_i (1 - G_i)/10 \tag{5-9}$$

式中，SOC_t 为土壤剖面 k 的土壤碳储量（t C/hm^2）；SOC_i 为基于土壤剖面 k 上第 i 层的土壤碳储量（t C/hm^2）；C_i 为第 i 层土壤有机碳含量（%）；D_i 为第 i 层土壤容重（g/cm^3）；E_i 为第 i 层土壤厚度（cm）；G_i 为大于 2mm 的砾石含量（%）。

5.3.6 注意事项

①在测定土壤有机碳时，为保证恒温加热器加热温度的均匀性，样品进行消解时，在没有样品的加热孔内放入装有 15mL 硫酸的具塞消解玻璃管，避免恒温加热器空槽加热。

②硫酸具有较强的化学腐蚀性，操作时应按规定要求佩戴防护器具，避免接触皮肤和衣物。样品消解应在通风橱内进行操作。检测后的废液应妥善处理。

5.4 森林土壤氮储量测定

5.4.1 研究目的

理解土壤有机氮储量测定的基本原理；掌握土壤有机氮储量的计算过程，初步认识其在当前及未来森林碳储量、碳排放及收支平衡中的作用。

5.4.2 研究原理

土壤氮是土壤氮储量的重要组成部分，全球约有95Gt氮是以有机质形态储存于地球土壤中，其积累和分解的速率决定着土壤氮储量。陆地生态系统作为人类的居住环境和人类活动的主要场所，其土壤氮储量约是植被氮储量的3倍，因此土壤圈的氮循环是全球生物化学循环的重要组成部分。森林作为陆地生态系统的主体，约占陆地总面积的30%，森林土壤氮储量超过森林植被氮储量的85%，森林氮库的微小波动（增加或减少）都会引起区域和全球氮循环的巨大变化。因此，准确估算森林氮储量不仅有助于从生态系统尺度揭示氮的分配规律，也有助于管理者准确把握森林氮库的动态变化，制定科学有效的氮管理措施。

5.4.3 实验器材

土壤样品粉碎机、玛瑙研钵、土壤筛、电子天平、硬质开氏烧瓶、半微量定氮蒸馏装置、半微量滴定管、锥形瓶、电炉等。

5.4.4 研究步骤

①在典型地段分别设置20m×20m的标准样地3块，记录各标准样地的经纬度、海拔、坡度、坡位、坡向、土壤类型、地形等信息，具体见表1-2和表1-6。

②分别在每块标准样地内挖掘剖面3个，剖面采集深度均为100cm，按照0~10cm、10~20cm、20~30cm、30~50cm、50~70cm和70~100cm 7层土层采集土壤样品。

③每层采集环刀样品3个，带回实验室在烘箱105℃下烘至恒重，测定并计算每层土壤样品容重。

④每层土壤样品充分混合之后，移除土壤中的根、叶和其他成分，之后过2mm筛。

⑤将样品风干，并仔细研磨成粉末状，过0.149mm筛。

⑥将鲜样放在105℃烘箱内烘干至恒重，通过干重和含水量来计算土壤含水量。

⑦采用《土壤全氮测定法（半微量开氏法）》（NY/T 53—1987）测定土壤样品氮含量，具体步骤如下：

a. 称取风干土样（通过0.25mm筛）1.0000g（含氮约1mg），同时测定土样水分含量。

b. 土样消煮。

不包括硝态和亚硝态氮的消煮：将土样送入干燥的开氏瓶底部，加少量无离子水（约0.5~1.0mL）湿润土样后，加入2g加速剂和5mL浓硫酸，摇匀。将开氏瓶倾斜置于300W变温电炉上,用小火加热,待瓶内反应缓和时(约10~15min),加强火力使消煮的土液保持微沸,加热的部位不超过瓶中的液面,以防瓶壁温度过高而使铵盐受热分解,导致氮素损失。消煮的温度以硫酸蒸气在瓶颈上部1/3处冷凝回流为宜。待消煮液和土粒全部变为灰白稍带绿色后,再继续消煮1h。消煮完毕,冷却,待蒸馏。在消煮土样的同时,做两份空白测定,除不加土样外,其他操作皆与测定土样时相同。

包括硝态和亚硝态氮的消煮:将土样送入干燥的50mL开氏瓶底部,加1mL高锰酸钾溶液,摇动开氏瓶,缓缓加入2mL 1:1($V:V$)硫酸,不断转动开氏瓶,然后放置5min,再加入1滴辛醇。通过长颈漏斗将0.5g±0.01g还原铁粉送入开氏瓶底部,瓶口盖上小漏斗,转动开氏瓶,使铁粉与酸接触,待剧烈反应停止时(约5min),将开氏瓶置于电炉上缓缓加热45min(瓶内土液应保持微沸,以不引起大量水分丢失为宜)。停火,待开氏瓶冷却后,通过长颈漏斗加2g加速剂和5mL浓硫酸,摇匀。按①的步骤,消煮至土液全部变为黄绝色,再继续消煮1h。消煮完毕,冷却,待蒸馏。在消煮土样的同时,做两份空白测定。

c. 氨的蒸馏:蒸馏前先检查蒸馏装置是否漏气,并通过水的馏出液将管道洗净;待消煮液冷却后,用少量无离子水将消煮液定量地全部转入蒸馏器内,并用水洗涤开氏瓶4~5次(总用水量不超过30~35mL);于150mL锥形瓶中,加入5mL 2%硼酸-指示剂混合液,放在冷凝管末端,管口置于硼酸液面以上3~4cm处。然后向蒸馏室内缓缓加入20mL 10 mol/L氢经钠溶液,通入蒸汽蒸馏,待馏出液体积约50mL时,即蒸馏完毕。用少量已调节pH值至4.5的水洗涤冷凝管的末端;用0.005mol/L硫酸(或0.01mol/L盐酸)标准溶液滴定馏出液由蓝绿色至刚变为红紫色。记录所用酸标准溶液的体积(mL)。空白测定所用酸标准溶液的体积,一般不得超过0.4mL。

⑧分别根据以下公式计算土壤容重、含水量、氮含量及氮储量。

5.4.5 结果与分析

①土壤容重计算如下:

$$d_v = \frac{(W - W_{环})}{V} \tag{5-10}$$

式中,d_v为土壤容重(g/cm³);W为烘干后环刀重+干土重(g);$W_{环}$为环刀重(g);V为环刀的体积(cm³)。

②土壤氮含量计算如下:

$$C_i = \frac{(V - V_0) \times c(H) \times 0.014}{m} \times 100 \tag{5-11}$$

式中,C_i为第i层土壤氮含量(%);V为滴定试液时所用酸标准溶液的体积(mL);V_0为滴定空白时所用酸标准溶液的体积(mL);$c(H)$为酸标准溶液的浓度(mol/L),0.014为氮原子的毫摩尔质量,m为烘干土样质量(g)。

③土壤氮储量计算如下:土壤样品带回实验室的各层土壤样品在105℃烘箱中烘至恒重,采用《土壤全氮测定法(半微量开氏法)》(GB 7173—1987)测定土壤氮含量,有k层的土壤氮储量(Nd)由以下公式来计算:

$$Nd_t = \sum_{i=1}^{k} Nd_i = \sum_{i=1}^{k} C_i D_i E_i (1 - G_i)/10 \tag{5-12}$$

式中，Nd_t 为土壤剖面 k 的土壤氮储量 $[t\ C/(hm^2 \cdot a)]$；Nd_i 为基于土壤剖面 k 上第 i 层的土壤氮储量 $(t\ C/hm^2)$；C_i 为第 i 层土壤氮含量 (%)；D_i 为第 i 层土壤容重 (g/cm^3)；E_i 为第 i 层土壤厚度 (cm)；G_i 为粒径大于 2mm 的砾石含量 (%)。

5.4.6 注意事项

①每天在开始滴定之前，要将半微量滴定管中前一天用剩的硫酸或盐酸标准溶液倒掉，重新加入，以免因挥发等造成滴定管中的酸标准溶液的浓度发生改变而使前面滴定的样品计算结果错误。

②滴定空白样品时应半滴半滴的滴，动作要慢，以免滴过量。空白测定所用酸标准溶液的体积，一般不得超过 0.4mL。如果超过 0.4mL，则说明该批消煮液可能被污染，应找出原因重新称样消煮。

③滴定土壤样品时应遵循先快后慢的原则，接近终点时要非常慢，边滴定边摇动三角瓶使其充分反应。滴定终点为蓝绿色至刚变为红紫色，切记接近滴定终点时一定要非常慢，每次滴半滴，以免过量。

5.5 森林土壤碳矿化速率测定

5.5.1 研究目的

理解土壤碳矿化速率测定的基本原理；掌握土壤碳矿化速率的计算过程，初步认识其在当前及未来森林元素释放与土壤质量保持中的作用。

5.5.2 研究原理

土壤有机碳是土壤中较为活跃的土壤组分，是土壤养分转化的核心，其含量直接影响土壤肥力，进而影响森林生物量。土壤有机碳还是大气 CO_2 的源和汇，在全球温室气体（CO_2）的动态变化中扮演着重要角色。土壤有机碳矿化是指土壤有机碳分解释放 CO_2 的过程，即每年因矿质化作用而消耗的有机质量占土壤有机质总量的百分数。土壤有机碳矿化是土壤中重要的生物化学过程，直接关系土壤中养分元素的释放与供应、温室气体的形成以及土壤质量的保持等，认识有机碳的矿化规律和影响因素对于阐明土壤碳库的周转过程并对其进行有效调节具有重要作用。

5.2.3 实验器材

土壤样品粉碎机、土壤筛、电子天平、广口瓶、烧杯、恒温培养箱、烘箱、锥形瓶、滴定管等。

5.2.4 研究步骤

土壤有机碳矿化采用室内需氧培养法测定，具体操作步骤如下：
①将用于培养实验的土柱含水量调节为田间持水量的 75%。
②将土柱放在 4℃ 的培养箱中平衡 3d，每天补充损失的水分。

③水分平衡结束后,将土柱放入500mL培养瓶中,将培养瓶随机排列置于22℃的恒温撒杨向中避光培养。

④在培养过程中,为减少土样中水分的损失,在瓶口覆保鲜膜并扎孔保持通气状态,每天通过称重法补充损失的水分。

⑤分别在不同时间采集培养瓶中的气体。

⑥每次采集气体前,先将培养瓶置于22℃室温下通风20min,更新瓶内气体,然后塞紧硅橡胶塞,并用硅橡胶密封瓶口,确保不漏气。

⑦塞进硅橡胶塞后,向培养瓶中注入20mL新鲜空气,混合均匀后,在从中抽取20mL气体注入真空集气瓶。

⑧培养6h后,再次向培养瓶中注入20mL新鲜空气,混合均匀,然后采集20mL气体;

⑨气体采集结束后,去除硅橡胶塞。

⑩采集的气体采用气相色谱测定CO_2浓度,进而计算CO_2的产生速率以及累计产生量。

土壤有机碳矿化过程中的CO_2释放采用碱液吸收法测定,具体操作步骤如下:

①称取25g过2mm筛的新鲜土样,用蒸馏水调节含水量至田间最大持水量的60%,平铺于广口瓶中。

②将25mL小烧杯小心悬挂于橡胶塞上,将10mL 1mol/L NaOH溶液加入小烧杯中,广口瓶加盖密封,于25℃恒温培养箱中培养35d。

③每个土样设置3次重复,同时设置4个空白对照。

④在培养后的第1d、2d、3d、4d、5d、6d、7d、10d、14d、17d、21d、28d、35d取出小烧杯,将小烧杯中的NaOH钠溶液完全转移至250mL锥形瓶中,于每个锥形瓶中加入1mol/L的$BaCl_2$溶液2mL以及酚酞指示剂2滴,用0.5mol/L HCl滴定至红色消失,记录滴定HCl用量。

⑤根据CO_2释放量计算培养期内有机碳矿化量。

⑥培养过程中用称重法定期校正土壤含水量,每天定期开口换气30min。

5.5.5 结果与分析

CO_2产生速率的计算公式为:

$$F = \frac{\rho \times \Delta C \times V \times 273}{W \times \Delta t \times T} \quad (5\text{-}13)$$

式中,ρ为标准状态下CO_2的密度(0.536kg/m³);ΔC为1d内两次采气的CO_2的浓度差(g/m³);V为培养瓶中有效空间体积(m³);W为烘干土质量(kg),Δt为1d内两次采气的时间间隔(h);T为培养温度(K)。

CO_2累计产生量为相邻两次测定气体的CO_2产生速率的平均值与间隔时间乘积的累加值。

土壤有机碳矿化量计算如下:

$$CO_2\text{-}C(\text{mg/kg}) = 1/2\, c(\text{HCl}) \times (V_0 - V) \times 12/m \quad (5\text{-}14)$$

式中,$c(\text{HCl})$为盐酸浓度(mol/L);V_0为空白滴定值;V为消耗盐酸的体积(mL);m为干土重(g)。

土壤有机碳矿化速率计算如下:

$$CO_2\text{-}C[(mg/(kg \cdot d)] = 培养时间内有机碳矿化量 CO_2\text{-}C(mg/kg)/培养时间(d) \tag{5-15}$$

累积矿化量 CO_2-C(mg/kg)：从培养开始到某一时间点土壤 CO_2-C 总释放量。

累积矿化率(%)：到某一时间点的土壤累积矿化量 CO_2-C 占土壤总有机碳的百分比。

土壤有机碳的矿化采用一级反应方程模拟：

$$C_t = C_0(1-e^{-kt}) + C_1 \tag{5-16}$$

式中，C_t 为时间 $t(d)$ 内累积矿化的 CO_2-C(mg/kg)；C_0 为土壤潜在可矿化有机碳量 CO_2-C(mg/kg)；e 为自然对数的底数；k 有机碳库的周转速率常数；C_1 为易矿化有机碳量 CO_2-C(mg/kg)，半周转期 $T\,1/2 = \ln2/k$，其中 C_t 为测定值，C_0、C_1 及 k 均由模拟得出。

5.5.6 注意事项

①室内恒温培养实验均设定有机碳小型培养系统，其中每个实验处理均采用3个重复；②为弥补培养过程中培养瓶内水分散失，培养实验开始前记录每个小型培养系统的重量，在每次更换吸收杯过程采用称重法对各小型培养系统进行水分调节。

5.6 森林土壤氮矿化速率测定

5.6.1 研究目的

掌握厌氧培养法测定土壤净氮矿化率的基本原理与操作方法；掌握凯氏定氮的原理和蒸馏定氮器或氨气敏电极的使用方法。

5.6.2 研究原理

土壤中的氮绝大部分以有机态的形式存在，约占全氮量的92%~98%。然而大多数的有机态氮不能被植物直接吸收利用，必须通过微生物矿化作用将有机氮转化为无机氮才可以被植物吸收利用。氮的矿化作用，是指土壤中有机态氮在土壤微生物的作用下转化为无机氮的过程。

矿化过程分为两个阶段：第一阶段为氨基化阶段，在这个阶段各种复杂的含氮化合物如蛋白质、氨基糖及核酸等在微生物酶的水解下，逐级分解形成简单的氨基化合物；第二阶段为氨化阶段，即经氨基化作用产生的氨基酸等简单的氨基化合物，在微生物参与下，进一步转化释放出氨的过程。氮矿化过程是土壤提供氮素养分的重要过程，矿化速率决定了植物生长对土壤氮素的可利用性。氮矿化也是森林生态系统氮素循环最重要的过程之一，其对于揭示生态系统功能、生物地球化学循环本质具有重要意义。

(1)背景知识

①土壤中的氮素：氮素是蛋白质和核酸的重要组成部分，同时又是叶绿素，酶，维生素，生物碱等的必要成分，在植物细胞的生长，分化和各种代谢过程中，氮素都

起着重要的作用。土壤中的氮绝大部分(约90%以上)以复合态存在于有机质或腐殖质中,而大多数的植物所吸收利用的氮素主要是无机态的铵态氮和硝态氮。土壤中的有机质和腐殖质等有机态氮通过氮素矿化作用(主要是土壤微生物作用)释放出无机态氮(主要是铵态氮与硝态氮),为植物吸收利用。

②氮素矿化作用与土壤净氮矿化率:氮素矿化作用是土壤中有机态氮经土壤微生物的分解,转化为无机态氮的过程,它在生态系统中是土壤对植物生长供给氮素的关键过程。

土壤净氮矿化率则是描述土壤氮素矿化作用速率的指标,指单位时间内土壤有机态氮经矿化作用转化为易被植物利用的无机态氮的量,它在一定程度上反映了土壤对植物氮素的供应能力。

③测试方法:目前国内外土壤矿化氮的测定方法主要是生物培养法,此法测定的是土壤中氮的潜在供应能力,其结果与植物生长的相关性较高。生物培养法分为好氧培养法(aerobic method)和厌氧培养法(anaerobic method)。

好氧培养法:使土样在适宜的温度,水分,通气条件下进行培养,测定培养过程中释放出的无机态氮,即在培养之前和培养之后测定土壤中无机态氮(铵态氮和硝态氮等)的总量,二者之差即为矿化氮。好氧培养法沿用至今已有很多改进,主要反映在:用的土样质量(10~15g),加或不加填充物(如砂,蛭石)以及土样和填充物的比例,温度控制(25~35℃),水分和通气调节(如土10g,加水6mL或加水至土壤持水量的60%),培养时间(14~20d)等。很明显,培养的条件不同,测定结果也会不同。

厌氧培养法:通常以水淹创造条件进行培养(water logging method),测定土壤中有机态氮经矿化作用转化的无机态氮的量。其培养过程中条件的控制比较容易掌握,不需要考虑同期条件和严格的水分控制,可用较少土样和较短培养时间,方法简单且快速,结果的再现性较好,更适合于例行分析。故本实验采用厌氧培养法。

(2) 基本原理

用水淹保温法处理土壤,利用厌氧微生物在一定温度下矿化土壤有机态氮成为NH_4^+—N,再用2mol/L KCl溶液浸提,浸出液中的NH_4^+—N,在碱液和还原剂的作用下用蒸馏法将NH_3蒸出,冷凝后用吸收液接收并滴定,从中减去土壤初始无机态氮(即原存在于土壤中的NH_4^+—N和NO_3^-—N),得到土壤矿化氮量(也可以用氨气敏电极测定水溶性氨,取代滴定过程)。

5.6.3 实验器材

半微量定氮蒸馏装置、半微量滴定管(5mL)或PNH_3^{-1}-氨气敏电极等。

5.6.4 研究步骤

(1) 土样的采集与处理

土壤是一个不均一体,影响它的因素错综复杂,因此土壤样品的代表性与采样误差的控制直接相关,采样时要贯彻"随机"原则,即样品应当随机的取自所代表的总体。

①一般土样采取自2~10cm土层土壤,也可根据采集地主要作物根系深度采取土样。为样品的保存和工作的方便,从野外采回的土样都先进行风干。

②将采回的土样，放在塑料布上，摊成薄薄的一层，置于室内通风阴干。在土样半干时，须将大土块捏碎(尤其是黏性土壤)，以免完全干后结成硬块，难以磨细。风干场所力求干燥通风，并要防止酸蒸气，氨气和灰尘的污染。

③样品风干后，应挑出植物残体(如根、茎、叶)以及虫体、石块、结核(石灰、铁、锰)等，再经研细，使之通过2mm孔径的筛子待测。

(2) 培养土样准备

称取过筛后的风干土样20.0g(记录质量)置于150mL三角瓶中，加蒸馏水20.0mL，摇匀(土样必须被水全部覆盖)。加盖橡皮塞，置于40℃±2℃恒温生物培养箱中培养待测(7d)。

(3) 土壤初始氮的测定

①称取过筛后的风干土样20.0g(记录质量)，置于250mL三角瓶中，加2mol/L KCl溶液100mL，加塞振荡30min，过滤于150mL三角瓶中。

②由进样口加入$FeSO_4$-Zn粉还原剂1.2g，用吸管吸取滤液30mL由进样口加入(此过程尽量将还原剂冲入反应室)，再加40% NaOH溶液5mL，立即封闭进样口并将预先将盛有20g/L硼酸吸收液10mL的50mL三角瓶置于冷凝管下。

③通蒸汽蒸馏，当吸收液达到40mL时停止蒸馏，取下三角瓶，用0.02mol/L($1/2H_2SO_4$)标准液滴定并与比色液进行比色，当吸收液与比色液颜色基本一致后停止滴定，并记录滴定所用酸的量。同时做空白实验(也可采用氨气敏电极测定)。

注意： 如滴定用去的酸液少于1mL或超过5mL需调节酸浓度，使多数滴定值在2~4mL。

加碱液和加吸收液不能用同一个吸耳球，避免造成吸收液的污染。如果实验过程中发现原吸收液被污染，应停止实验，重新对原吸收液调色，并重新配置比色液。

(4) 土壤矿化氮和初始氮之和的测定

培养一周后取出矿化培养土样，加80mL 2.5mol/L KCl溶液，再用橡皮塞塞紧，在振荡机上振荡30min，取下立即过滤于150mL三角瓶中。蒸馏滴定过程同土壤初始氮的测定。同时做空白实验。(亦可采用氨气敏电极测定)。记入表5-1。

表 5-1 土样7d的矿化率记录表

取样地点：						
取样时间：						
测试风干土样质量(初)	1	2	3	4	5	6
滴定值(初)	1	2	3	4	5	6
无机态氮含量(初)	1	2	3	4	5	6
测试风干土样质量(培)	1	2	3	4	5	6
滴定值(培)	1	2	3	4	5	6
无机态氮含量(培)	1	2	3	4	5	6
7d矿化率	1	2	3	4	5	6

5.6.5 结果与分析

$$土壤矿化氮与初始氮之和(N)(mg/kg) = \frac{c(V-V_0) \times 14.0 \times ts \times 10^3}{m} \quad (5-17)$$

$$土壤初始氮(N)(mg/kg) = \frac{c(V-V_0) \times 14.0 \times ts \times 10^3}{m} \quad (5-18)$$

$$土样 7d 的矿化率 = 土壤矿化氮与初始氮之和 - 土壤初始氮 \quad (5-19)$$

式中，c 为 0.02mol/L($1/2H_2SO_4$)标准溶液的浓度(mol/L)；V 为样品滴定时用去 $1/2H_2SO_4$ 标准溶液体积(mL)；V_0 为空白实验滴定时用去 $1/2H_2SO_4$ 标准溶液体积(mL)；14.0 为氮原子的摩尔质量(g/mol)；ts 为分取倍数(提取液 mL/测试液 mL)；10^3 为换算系数；m 为称取的土样质量。

5.6.6 注意事项

①讨论土壤矿化率可能产生影响的因素及产生影响的可能原因(包括对人为误差产生的讨论)。

②本研究除考虑测定样地土壤矿化率外，也可以分不同的小组从多个角度进行测定，并对各小组的实验结果进行比较，(如对不同土质土壤矿化率或同一土质不同深度的土壤矿化率进行对比实验)讨论结果并分析影响土壤矿化率的因素。

5.7 森林土壤硝化与反硝化速率测定

5.7.1 研究目的

掌握乙炔抑制硝化及纯氧气抑制反硝化测定土壤硝化/反硝化速率测定的基本原理与操作方法；掌握 Agilent 6890D 气相色谱仪和电子俘获(B4A)检测器的使用方法。

5.7.2 研究原理

目前，全球气候变化及人类活动加剧导致森林植被破坏、降低生物多样性、导致生态系统功能丧失，并可能加速森林土壤 N 矿化、硝化与反硝化作用所主导的氮循环过程而导致土壤 N_2O 排放增加。因此，开展火干扰对森林土壤 N_2O 排放的影响研究显得十分迫切。全球气候变化导致 C 和 N 以气体和微粒从森林迅速向大气释放，直接或间接促进或抑制土壤 N 矿化、硝化及反硝化等 N 循环过程，进而调控土壤 N_2O 的排放动态。因此，测定不同森林土壤硝化/反硝化速率，对准确预测森林土壤碳氮通量和制定有效地缓解气候变化战略至关重要。

5.7.3 实验器材

土壤筛、培养瓶、气密性微量注射器、气相色谱仪、电子俘获(B4A)检测器等。

5.7.4 研究步骤

采集土壤样品，采用乙炔抑制硝化及纯氧气抑制反硝化，开展土壤硝化/反硝化室内实验。具体方法与步骤如下：

①取土壤样品，混匀、过2mm筛，取过筛湿土（合干重80g）装于300mL培养瓶中，橡胶塞封口。

②对土壤样品进行3种处理。对照（C）：不加抑制剂；乙炔抑制（A）：以气密性微量注射器加入经纯化的乙炔，使瓶内气相空间中的乙炔浓度0.06%；纯氧抑制（O）：以高纯O_2置换瓶中空气，使瓶O_2中氧气浓度达到100%（V/V）。

③每个处理设5个重复，25℃避光培养，培养至24h、48h和72h。

④以气密性微量注射器从培养瓶中抽取N_2O气体样品30mL，土壤N_2O排放采用Agilent 6890D气相色谱仪和电子俘获（B4A）检测器测定N_2O浓度，以单位时间气样浓度的变化作为该时间段的气体排放速率。

5.7.5 结果与分析

实验设置3种处理。A：乙炔抑制土壤硝化产生N_2O（反映反硝化及其他过程的N_2O排放）；O：纯氧抑制土壤反硝化产生N_2O（反映硝化及其他过程的N_2O排放）；C：对照，不加抑制剂（硝化、反硝化及其他过程排放的N_2O）。

通过C减A，计算硝化作用速率、硝化作用导致N_2O排放的速率及转化率；通过C减O，计算反硝化速率、反硝化作用导致N_2O排放的速率及转化率。

5.7.6 注意事项

①讨论土壤硝化/反硝化速率可能产生影响的因素及产生影响的可能原因（包括对人为误差产生的讨论）。

②土壤样品放置在培养瓶中，均需25℃避光培养。

思考与练习

1. 收获法测定初级生产量的原理是什么？
2. 你认为还可以用什么方法测定植物初级生产量？
3. 为什么凋落物分解实验前要将凋落物风干？
4. 森林凋落物具有哪些生态功能？
5. 请简要说明森林土壤碳储量的影响因素。
6. 请简要说明森林土壤氮储量的影响因素。
7. 影响土壤有机碳矿化速率的因素有哪些？
8. 请说明土壤氮矿化率为负值的可能原因。
9. 影响土壤硝化/反硝化速率的因素有哪些？

第6章 森林与全球变化生态学研究方法

以 CO_2、CH_4 和 N_2O 等温室气体排放升高为主要特征的全球气候变化日益加剧,如何缓解温室效应成为了各国政府、科学界及公众的广泛关注的生态环境问题。

森林是陆地生态系统中最大的碳氮存储库,探讨森林与全球气候变化之间的碳氮相互作用过程成为全球变化研究的重要组成部分。本章旨在培养学生有关森林土壤 CO_2、CH_4 和 N_2O 等温室气体排放测定的基本实验研究技能,深化生态系统碳氮循环及 CO_2、CH_4 和 N_2O 等微量气体排放的生态学过程的理论认识。

6.1 森林土壤 CO_2 排放速率测定

6.1.1 研究目的

掌握 LI-8100 自动土壤 CO_2 流量测量系统测定土壤 CO_2 排放速率的基本原理与操作方法;掌握土壤 CO_2 排放速率的计算过程,初步认识其在当前及未来森林生态系统碳素循环中的作用。

6.1.2 研究原理

全球大气 CO_2 浓度急剧上升导致全球变暖趋势日益加剧,森林土壤是陆地生态系统的一个巨大碳库,土壤呼吸过程的碳释放对全球大气 CO_2 浓度变化的贡献率约占 20%,可能显著影响全球碳循环、碳平衡及气候变化。因此,土壤呼吸在调控大气 CO_2 浓度和全球气候变化方面起着关键性作用。土壤呼吸作为森林生态系统物质循环和能量流动的一个关键生态学过程,主要包括森林微生物呼吸、森林植物根系呼吸、森林土壤动物呼吸等 3 个生物学过程和 1 个含碳物质化学氧化的非生物学过程,主要受生物因素(植被类型、土壤微生物和土壤动物)和非生物因素(温度、水分和土壤养分)的直接和间接调控。

LI-8100 自动土壤 CO_2 流量测量系统是目前快速、准确测定土壤碳排放量的技术方法。能够对土壤 CO_2 流量进行长期和短期测量。当使用长期测量叶室时,

LI-8100能够在同一位置，自动测量土壤CO_2通量的日变化，测量时间为几个星期或几个月。长期测量叶室的特点是设计独特、易携带，叶室对土壤自然条件的影响最小，从而保证在长时间条件下，测量到可靠的实验数据。利用创新的短期叶室，LI-8100则能够快速测量土壤CO_2流量，并且得到多个位置的数据，完成空间变异较强的准确测量。

6.1.3 实验器材

LI-8100自动土壤CO_2流量测量系统。

6.1.4 研究步骤

LI-8100自动土壤CO_2流量测量系统能够对土壤碳通量进行长期和短期测量，就必须采用两种不同的测量叶室：长期测量叶室和短期测量叶室。长期测量叶室，其优点是在恶劣环境下，仪器正常工作后，可以无人看管正常工作。另外，在对土壤进行长期观察，收集到的连续的数据，分析土壤日变化、季节变化等方面，是短期叶室方法所不能比的。短期叶室，其优点在于能够快速测量土壤CO_2流量，并且得到多个位置的数据，完成空间变异较强的准确测量。测量时把长期或短期叶室罩平稳地放在PVC管上，保证叶室和PVC管露出地面部分结合紧密，防止PVC管内土壤排放的CO_2气体泄漏。

(1) PVC管的布设

在实验样地中，沿样地对角线埋设直径为20cm的PVC土壤呼吸圈用于测定土壤呼吸速率。用橡胶锤将土壤圈底敲入土壤5cm深处，预先在呼吸圈埋入的地下部分凿4个直径为0.5cm的圆孔，埋设24h后在对土壤的干扰基本消除后进行测定。

长期叶室和短期叶室的布设基本原理相似，区别是叶室的口径不同。若在平整地面测量，PVC管的布设标准如图6-1所示(以长期叶室为例)。

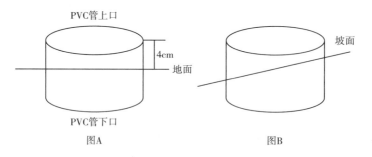

图6-1 长期叶室和短期叶室的布设

若是在平原地带测量土壤碳通量，布设PVC管，PVC管上口距离地面保持在4cm左右，长期叶室配置1个标准PVC管，高度15cm，直径30cm；短期叶室一般配置多个PVC管，得到多个位置的数据，完成空间变异较强的准确测量，每个PVC管高度10cm，直径10cm。

若在坡面测量土壤碳通量，PVC管不能垂直坡面布设，应该如平原地带一样，主要目的是保持叶室在其上测量时的稳定性。为了准确测量土壤碳通量，布设PVC管的过程中，在尽可能减小扰动土壤的情况下，把PVC管用木锤轻轻击入地面。短期测量一个研究样地至少布设5个PVC管，长期定点观测只需要1个PVC管。布设完PVC管之后，应该稳定24h之后进行实际测量。

(2) 仪器安装

整套LI-8100自动土壤CO_2流量测量系统，由叶室、导线、土壤水分、温度探头，主机[用于测量叶室中CO_2和H_2O浓度的红外气体分析仪(IRGA)]几大部分组成。仪器安装工作最好在实验前一天晚上进行，安装完毕进行调试，确定系统的稳定性、严密性。

(3) 土壤碳通量数据采集

一般采集数据是从7:00时或者9:00时开始监测，长期测量可以按照研究需要设置好参数，让机器正常工作。短期测量因为测量点多，所以参数设置要合理，一般1个点，分配10min，取5个数据。采集1个数据用时120s，叶室密闭测量过程90s，叶室开启内部气体换气过程30s。如果采用短期叶室测定土壤CO_2流量，比如要测定一个样地8:00时的土壤碳排放量情况，在样地内一共设置短期叶室5个，若每个短期叶室的测量时间15min左右，则第1个叶室的测量工作应该在7:30左右开始测量，第5个测点应该在8:30左右测量完毕。长期叶室测定，在7:30左右开机之后，就让仪器连续监测。

用户利用LI-8100为PalmOS设计的界面软件，通过无线传输或串行电缆设置LI-8100测量的所有开始参数和监测函数。LI-8100内置WiFi装置，在数据采集过程中，为了避免人为因素干扰测定结果，用PDA(personal digital assisrant)进行无线操纵主机工作，数据自动存到主机内部的1个128M储存卡里面，并且通过PDA可以随时查看研究过程中的数据。

启动LI-8100软件，定义进行测量的参数；在软件中输入土壤圈高出土壤表面的数值；输入测量标记和观测的数量；开始测量。短期测量叶室和或长期测量叶室将自动关闭，测量数据将开始记录。观察结束后，叶室打开，开始进行数据计算；土壤CO_2流量在空气CO_2浓度下计算得到，空气CO_2浓度则由最初的几个CO_2数据点估计得到；

土壤含水率和土壤温度的测定则是用LI-8100系统自带的探测针自动测定得出数据。

6.1.5 结果与分析

(1) 收集数据

采用LI-8100提供的应用软件将测量数据输出到计算机上，通过数据转换后，用Excel对数据进行计算。

(2) 分析与作图

双击桌面上File Viewer的图标，运行该程序。打开一个LI-8100的记录文件，软件界面上将显示该记录文件中所有观测值，点击工具栏中的Add Chart图标，以当前记录文件作图，显示Cdry(dilution corrected CO_2 concentration)对时间的变化趋势；双击该图形，将弹出图形属性对话框，勾掉右坐标轴，再将横轴定义为Etime，得到Cdry对相对时间(以Chamber关闭时为原点)的变化趋势。

(3) 数据检查或重计算

双击某次观测,可弹出其详细信息。选择Raw Records栏查看该次观测的所有数据,利用File Viewer重计算,首先选择Edit菜单下的Recompute功能;在弹出的对话框中,可更改一些实验设置,比如Chamber Offset,它将影响Chamber的体积,最终影响土壤呼吸的值;点击Recompute,软件将弹出一个重计算的结果;重计算对话框中,Curve Fit表示要修改Cdry对Etime的方程,将影响所有的统计结果(但不影响常数);Start Time与Stop Time是曲线方程中变量Crv_DeadBand与Crv_Domain的参数;Targeted Flux将影响Flux@Ct的重计算;Recompute Cdry(Raw & Summaries)只有在手工编辑了数据后,而没有计算出Cdry这一列时才需要使用;Recompute Summary Records只需在删除了某些原始记录时使用。

6.1.6 注意事项

①PVC管至少应该测定前12h进行设置,以减小土壤CO_2涌出效应对呼吸的影响。

②PVC管插入深度对测定结果影响很大:当塑料圈插入过浅时横向气体扩散及塑料圈不稳定而造成测定时,CO_2的再涌出效应使土壤呼吸测定值偏高;而当插入深度过深时,切断根系导致根系呼吸下降,最活跃的土壤表层呼吸受PVC管阻隔导致的土壤微生物呼吸测定值下降,这些现象共同造成显著低估土壤呼吸测定值。

③在晴天白天大部分时间内目标[CO_2]值设定为外界相应时段的[CO_2]平均值,可以保证测定误差小于5%,而在清晨和傍晚进行测定时,则应该及时调整目标值为外界[CO_2]保证测量准确性。

6.2 森林土壤 N_2O 排放速率测定

6.2.1 研究目的

掌握森林土壤N_2O排放速率测定的基本原理与操作方法;掌握Agilent 6890D气相色谱仪和电子俘获(B4A)检测器测定森林土壤N_2O浓度的方法,初步认识其对森林生态系统的影响和机理。

6.2.2 研究原理

温室气体的研究是当前全球变化研究的焦点之一。N_2O是仅次于CO_2和CH_4的重要温室气体,它的单分子增温潜力是CO_2的290倍,且其在大气中的浓度正以每年0.3%的速率上升。据估计,大气中每年80%~90%的N_2O来源于土壤,而森林土壤是N_2O主要排放源,占排放总量的90%左右。森林土壤N_2O主要来源于硝化和反硝化过程,其与土壤有效氮供应状况的关系较密切,不同森林类型具有不同的土壤水分和温度、碳氮含量以及微生物的活性与组成。因此,人们在关注全球变化时更应该重视有关N_2O源、汇功能及其影响因素。

6.2.3 实验器材

电子天平、扩散皿、橡皮圈、滴定管、细玻璃棒、气相色谱仪 GC-7900 等。

6.2.4 研究步骤

①在典型地段分别设置 20m×20m 的标准样地 3 块，记录各标准样地的经纬度、海拔、坡度、坡位、坡向、土壤类型、地形等信息，具体见表 1-2 和表 1-6。

②每个样地内随机布置 3 个样点。

③采用静态暗箱法采集气体。该装置为 50cm×50cm×20cm 四面和顶部密封的 PVC 材质采样箱。箱底边缘设有水槽，实验时往槽里加水以防止箱子和底座的接触处漏气，在冬季则用密封条密封防止漏气。箱顶内部有小风扇，用于混合箱内气体。采气孔开在箱壁上；

④进行 N_2O 气体采集，每次取样时间为 9:00 时至 11:00 时，以此代表日平均通量值。采样开始时开启小风扇 5min，使箱内气体混合均匀，立即用 100mL 注射器采集第一次样品，气体样品储存于密封铝箔气袋中，在采样的同时记录下箱内温度和气压。分别抽取盖箱后 10min 和 20min 时的气体样品。气体样品带回实验室，待测。

6.2.5 结果与分析

使用气相色谱仪 Agilent 7900 进行分析，N_2O 检测器 ECD，以单位时间气样浓度的变化作为该时间段的气体排放速率，检测温度为 330℃，载气为高纯度氮气。N_2O 气体通量的计算公式如下：

$$F = M/V \times dc/dt \times H \times (273/273+T) \tag{6-1}$$

式中，F 为 N_2O 排放通量[μg/(m·h)]；M 为气体的分子量；V 为标准状态下 1mol 气体的体积；dc/dt 为单位时间采气箱内痕量气体浓度的变化率；H 为箱子高度；T 为箱内温度。

6.2.6 注意事项

①气相色谱仪和电子俘获检测器测定 N_2O 浓度，每个样方重复测定 5 次。

②静态箱为不锈钢的圆柱体，需于每次观测前将盖箱安置于底箱上。

③在测定过程中碱的种类和浓度、土液比例、水解的温度和时间等因素对测得值的高低，都有一定的影响。为了要得到可靠的、能相互比较的结果，必须严格按照仪器所规定的条件进行测定。

6.3 森林土壤 CH_4 排放速率测定

6.3.1 研究目的

掌握森林土壤 CH_4 排放速率测定的基本原理与操作方法；掌握森林土壤 CH_4 排放速率的计算过程，初步认识其对森林生态系统的影响和机理。

6.3.2 研究原理

CH_4是比较活跃的温室气体,所造成的温室效应仅次于CO_2而居第二,在最近的100~200年间大气中CH_4的浓度已从0.6~0.7cm^3/m^3增加到1.72cm^3/m^3,目前CH_4在大气的浓度正以每年1%的速度递增。一般认为大气中增加的CH_4约70%~90%来源于生物源。森林土壤是我国陆地生态系统的重要组成部分。原位研究我国森林土壤中CH_4的排放可正确估算CH_4的源和汇的现状以及我国温室气体排放总量。

6.3.3 实验器材

静态封闭箱、恒温培养箱、气相色谱仪等。

6.3.4 研究步骤

①在典型地段分别设置20m×20m的标准样地3块,记录各标准样地的经纬度、海拔、坡度、坡位、坡向、土壤类型、地形等信息,具体详见表1-2和表1-6。

②每个样地内随机布置3个样点。

③采用静态暗箱法采集气体。该装置为50cm×50cm×20cm四面和顶部密封的PVC材质采样箱。箱底边缘设有水槽,实验时往槽里加水以防止箱子和底座的接触处漏气,在冬季则用密封条密封防止漏气。箱顶内部有小风扇,用于混合箱内气体。采气孔开在箱壁上。

④进行CH_4气体采集,每次取样时间为9:00时至11:00时,以此代表日平均通量值。采样开始时开启小风扇5min,使箱内气体混合均匀,立即用100mL注射器采集第一次样品,气体样品储存于密封铝箔气袋中,在采样的同时记录下箱内温度和气压。分别抽取盖箱后10min、20min时的气体样品。气体样品带回实验室,待测。

6.3.5 结果与分析

将采集的气体样品带回实验室,CH_4气体浓度采用Agilent 7890B型气相色谱仪进行分析。CH_4检测器为氢焰离子化检测器(FID),色谱柱类型为HP 25mm毛细管柱,检测器温度为200℃,分离柱温度为55℃;H_2为燃气,流速30mL/min;载气为N_2,流速为30mL/min;空气为助燃气,流速为40mL/min。气体排放速率由每次3个时间观测值经线性回归分析得出。CH_4气体排放通量计算式为:

$$F = p \times (V/A) \times (P/P_0) \times (T_0/T) \times (dC_t/dt) \tag{6-2}$$

式中,F为CH_4气体通量[mg/($m^2 \cdot h$)];p为实验室温度下CH_4气体密度(g/cm^3),A为采集箱覆盖的面积(m^2);V为采样静态箱的有效体积(m^3);P为采样时采样点的大气压(Pa);P_0为标准状态下的标准大气压(kPa);T_0为标准状态下的热力学温度(℃);T为采样时的热力学温度(℃);dC_t/dt为采样时静态箱内CH_4浓度随时间变化的斜率。

6.4.6 注意事项

①产CH_4微生物的活动需要适宜的温度,对于大多数产CH_4微生物而言,这一最

适温度为 35~37℃。

②森林土壤质地越黏，排放的 CH_4 量越少；但如果砂质土壤的渗漏性较好，经常不能维持完整的水层，CH_4 排放通量就有很大的空间变异性，其 CH_4 排放通量极显著大于壤土，且土壤质地越粗，空间变异越显著。

思考题

1. 影响森林土壤 CO_2 排放速率的生物与非生物因素有哪些？
2. 目前国内外测定土壤 CO_2 排放速率的普遍采用的方法有哪些？
3. 影响森林土壤 N_2O 排放速率的因素有哪些？
4. 请简要说明土壤硝化/反硝化作用对森林土壤 N_2O 排放速率的影响。
5. 影响森林土壤 CH_4 排放速率的因素有哪些？

参考文献

包云轩，王翠花，2018. 气象学实习指导[M]. 3版. 北京：中国农业出版社.

蔡会德，张伟，江锦烽，等，2014. 广西森林土壤有机碳储量估算及空间格局特征[J]. 南京林业大学学报(自然科学版)(6)：1-5.

曹亚玲，俞梦笑，江军，等，2021. 模拟酸雨对南亚热带典型森林土壤N_2O排放的影响[J]. 应用生态学报，32(4)：1213-1220.

陈金林，吴春林，姜志林，等，2002. 栎林生态系统凋落物分解及磷素释放规律[J]. 浙江林学院学报(4)：33-37.

陈文静，贡璐，刘雨桐，2018. 季节性雪被对天山雪岭云杉凋落叶分解和碳氮磷释放的影响[J]. 植物生态学报，42(4)：487-497.

段斐，方江平，周晨霓，2020. 西藏原始暗针叶林凋落物有机碳释放特征与土壤有机碳库关系研究[J]. 水土保持学报，34(3)：351-357.

付必谦，张峰，高瑞如，2006. 生态学实验原理与方法[M]. 北京：科学出版社.

高鹤，宗俊勤，陈静波，等，2010. 7种优良观赏草光合生理日变化及光响应特征研究[J]. 草业学报，19(4)：87-93.

高嘉，卫芯宇，谌亚，等，2021. 模拟冻融环境下亚高山森林凋落物分解速率及有机碳动态[J]. 生态学报，41(9)：3734-3743.

高艳丽，杨智杰，张丽，等，2021. 不同更新方式对亚热带常绿阔叶林土壤氮矿化的影响[J]. 林业科学，57(4)：24-31.

国庆喜，王晓春，孙龙，2005. 植物生态学实验实习方法[M]. 哈尔滨：东北林业大学出版社.

贺庆棠，2001. 中国森林气象学[M]. 北京：中国林业出版社.

侯琳，雷瑞德，王得祥，等，2006. 森林生态系统土壤呼吸研究进展[J]. 土壤通报，37(3)：589-594.

胡慧蓉，王艳霞，2020. 土壤学实验指导教程[M]. 2版. 北京：中国林业出版社.

简敏菲，王宁，2012. 生态学实验[M]. 北京：科学出版社.

林雨萱，哀建国，宋新章，等，2021. 模拟氮沉降和磷添加对杉木林土壤呼吸的影响[J]. 浙江农林大学学报，38(3)：494-501.

刘宇峰，萧浪涛，童建华，等，2005. 非直线双曲线模型在光合响应曲线数据分析中的应用[J]. 中国农学通报，21(8)：76-79.

娄安如，牛翠娟，2014. 基础生态学实验指导[M]. 北京：高等教育出版社.

莫江明，方运霆，林而达，等，2006. 鼎湖山主要森林土壤N_2O排放及其对模拟N沉降的响应[J]. 植物生态学报，30(6)：901-910.

蒲嘉霖，刘亮，2019. 亚热带森林凋落物分解特征及水文效应[J]. 水土保持研究，26(6)：165-170.

钱登峰，马和平，2011. 土壤碳排放量测定技术[J]. 四川林勘设计(4)：78-79，88.

宋娅丽，马志，王克勤，等，2019. 短期$NaHCO_3$胁迫对3种冷季型草坪草生理生态特征的影响. 水土保持学报，33(4)：299-307.

孙向阳，2000. 北京低山区森林土壤中CH_4排放通量的研究[J]. 土壤与环境，9(3)：173-176.

田耀武，贺春玲，刘杨，等，2018. 河南省森林土壤有机碳储量及其空间分布格局[J]. 中南林业科技大学学报，28(2)：83-89，96.

参考文献

万菁娟, 郭剑芬, 纪淑蓉, 等, 2016. 可溶性有机物输入对亚热带森林土壤CO_2排放及微生物群落的影响[J]. 林业科学, 52(2): 106-113.

万菁娟, 2015. 不同来源DOM对亚热带森林土壤CO_2排放的影响[D]. 福州: 福建师范大学.

汪欣, 向兆, 李策, 等, 2020. 全自动凯氏定氮仪测定土壤全氮含量方法的优化探索[J]. 山东农业大学学报(自然科学版), 51(3): 438-440, 446.

王飞, 满秀玲, 段北星, 2020. 春季冻融期寒温带主要森林类型土壤氮矿化特征[J]. 北京林业大学, 42(3): 14-23.

王景明, 2011. 土壤学实验指导[M]. 南昌: 江西科学技术出版社.

王艳丽, 字洪标, 程瑞希, 等, 2019. 青海省森林土壤有机碳氮储量及其垂直分布特征[J]. 生态学报, 39(11): 4096-4105.

王瑶, 沈燕, 张强, 等, 2017. 南岭三种主要森林类型土壤甲烷通量研究[J]. 湖南林业科技, 44(2): 8-14.

王友保, 2010. 生态学实验[M]. 合肥: 安徽人民出版社.

王圆媛, 陈书涛, 刘义凡, 等, 2015. 外源氮添加对森林土壤二氧化碳排放及酶活性的影响[J]. 生态学杂志, 34(5): 1205-1210.

魏书精, 罗碧珍, 魏书威, 等, 2014, 森林生态系统土壤呼吸测定方法研究进展[J]. 生态环境学报, 23(3): 504-514.

肖文娅, 关庆伟, 2018. 干扰对森林凋落物分解影响的研究现状及展望[J]. 生态环境学报, 27(5): 983-990.

邢维奋, 石珊奇, 薛杨, 等, 2017. 海南乐东5种森林土壤有机碳储量的比较[J]. 热带农业科学, (5): 14-19.

徐丽, 何念鹏, 2020. 中国森林生态系统氮储量分配特征及其影响因素[J]. 中国科学: 地球科学, 50(10): 1374-1385.

张婷, 代群威, 邓远明, 等, 2021. 九寨沟优势植物凋落物叶片淋溶的碳氮磷释放特征[J]. 中国岩溶(1): 133-139.

张哲, 王邵军, 陈闽昆, 等, 2019. 西双版纳不同演替阶段热带森林土壤N_2O排放的时间特征[J]. 生态环境学报, 28(4): 702-708.

章家恩, 2007. 生态学常用实验研究方法与技术[M]. 北京: 化学工业出版社.

章家恩, 2012. 生态学野外综合实习指导[M]. 北京: 中国环境科学出版社.

赵晶晶, 牛晓燕, 程宇琪, 等, 2017. 我国森林凋落物分解研究进展[J]. 内蒙古林业科技, 43(3): 43-46.

赵青, 刘爽, 冯清玉, 等, 2021. 武夷山自然保护区常绿阔叶林优势种对土壤呼吸的影响[J]. 应用与环境生物学报, 27(1): 62-70.

附　录

附录1　森林生态学中常用法定计量单位的表达式

量的名称		法定计量单位	非标准的量或单位
太阳辐射	太阳总辐射	瓦特/平方米（W/m²）	瓦特/平米
	太阳直接辐射	瓦特/平方米（W/m²）	瓦特/平米
	太阳散射辐射	瓦特/平方米（W/m²）	瓦特/平米
	太阳净辐射	瓦特/平方米（W/m²）	瓦特/平米
	光照强度	勒克斯（lx）	
	日照时数	小时/天（h/d）	
大气	林内穿透雨量	毫米（mm）	公厘（m/m, MM）
	林外降雨量	毫米（mm）	公厘（m/m, MM）
	树干流量	毫米（mm）	公厘（m/m, MM）
	林冠截留	毫米（mm）	公厘（m/m, MM）
	大气温度	摄氏度（℃）	度
	空气湿度	%	水汽压（hPa）、相对湿度（%）
植物	光饱和点	摩尔每平方米每秒（mol/m²·s）	
	光补偿点	摩尔每平方米每秒（mol/m²·s）	
	植物初级生物量	克每平方米（g/m²）	公分每平米
	凋落物质量残留率	%	
土壤	浅层土壤温度	摄氏度（℃）	度
	深层土壤温度	摄氏度（℃）	度
	土壤自然含水率	%	
	土壤有机质	克每千克（g/kg）	质量百分数
	土壤容重	克每立方米（g/cm³）	公分每方
	土壤含水量	%	
	土壤有机碳含量	%	
	土壤碳储量	吨每公顷（t/hm²）	百万公分每公顷
	土壤氮储量	吨每公顷（t/hm²）	百万公分每公顷
	土壤有机碳矿化量	毫克每公顷（mg/kg）	
	土壤有机碳矿化速率	毫克每千克每天（mg/kg·d）	
	土壤有机氮矿化速率	毫克每千克每天（mg/kg·d）	
	土壤硝化速率	毫克每千克每天（mg/kg·d）	
	土壤反硝化速率	毫克每千克每天（mg/kg·d）	
	土壤 CO_2 排放速率	微摩尔每平方米每秒（μmol/m²·s）	
	土壤 N_2O 排放速率	微摩尔每平方米每秒（μmol/m²·s）	
	土壤 CH_4 排放速率	微摩尔每平方米每秒（μmol/m²·s）	

附录2 土壤标准筛孔对照

筛号	筛孔直径(mm)	孔径(in)	网目(cm)	网目(in)
2.5	8.00	0.315	1.0	2.6
3.0	6.72	0.265	1.2	3.0
3.5	5.66	0.223	1.4	3.6
4	4.76	0.187	1.7	4.2
5	4.00	0.157	2.0	5.0
6	3.36	0.132	2.3	5.8
7	2.83	0.111	2.7	6.8
8	2.38	0.094	3.0	7.9
10	2.00	0.079	3.5	9.2
12	1.68	0.069	4.0	10.8
14	1.41	0.0557	5.0	12.5
16	1.19	0.0468	6.0	14.7
18	1.00	0.0394	7.0	17.2
20	0.84	0.0331	8.0	20.2
25	0.71	0.0278	9.0	23.6
30	0.59	0.0234	11	27.5
35	0.50	0.0197	13	32.3
40	0.42	0.0166	15	37.9
45	0.35	0.0139	18	44.7
50	0.30	0.0117	20	52.4
60	0.25	0.0098	24	61.7
70	0.21	0.0083	29	72.5
80	0.177	0.0070	34	85.5
100	0.149	0.0059	40	101
120	0.125	0.0049	47	120
140	0.105	0.0041	56	143
170	0.088	0.0035	66	167
200	0.074	0.0029	79	200
230	0.062	0.0025	93	233
270	0.053	0.0021	106	270
325	0.044	0.021	125	323

附录3 常用浓酸碱的浓度(近似值)

名称	质量分数(g/cm³)	质量(%)	摩尔浓度(mol/L)	1mol/L 浓度所需体积(mL)
盐酸(HCl)	1.19	37	11.6	86
硝酸(HNO_3)	1.42	70	16	63
硫酸(H_2SO_4)	1.84	96	18	56
高氯酸($HClO_4$)	1.66	70	11.6	86
磷酸(H_3PO_4)	1.69	85	14.6	69
乙酸(HOAc)	1.05	99.5	17.4	58
氨水(NH_3)	0.90	27	14.3	70

注：改引自鲍士旦，2000。

附录4 常用标准试剂的处理方法

基准试剂名称	规格	标定溶液	处理方法
硼砂($Na_2B_4O_7 \cdot 10H_2O$)	分析纯	标准酸	盛有蔗糖和食盐的饱和水溶液的干燥器内平衡一周
无水碳酸钠(Na_2CO_3)	(分析纯)	标准酸	180~200℃，4~6h
邻苯二甲酸氢钾($KHC_8H_4O_4$)	(分析纯)	标准碱	105~110℃，4~6h
草酸($H_2C_2O_4 \cdot 2H_2O$)	(分析纯)	标准碱或高锰酸钾	室温
草酸钠($Na_2C_2O_4$)	(分析纯)	高锰酸钾	150℃，2~4h
重铬酸钾($K_2Cr_2O_7$)	(分析纯)	硫代硫酸钠等还原剂	130℃，3~4h
氯化钠(NaCl)	(分析纯)	银盐	105℃，4~6h
金属锌(Zn)	(分析纯)	EDTA	在干燥器中干燥2~4h
金属镁(Mg)	(分析纯)	EDTA	100℃，1h
碳酸钙($CaCO_3$)	(分析纯)	EDTA	105℃，4~6h

附录5 标准酸碱溶液的配置和标定方法

标准溶液配置应按《化学试剂标准滴定溶液的制备》(GB/T 601—2002)、《化学试剂杂质测定用标准溶液的制备》(GB/T 602—2002)、《化学产品化学分析常用标准滴定溶液、标准溶液、试剂溶液和指示剂溶液》(HG/T 2843—1997)或指定分析方法的要求配制。

1. 氢氧化钠标准溶液的配制与标定

(1) 配制 0.1mol/L 的 NaOH 标准溶液

用托盘天平准确称取 4.5g NaOH 固体，加入预先盛有 300mL 蒸馏水的烧杯中，搅拌冷却至室温，用玻璃棒引流，将烧杯中的溶液加入 1000mL 容量瓶中，用蒸馏水洗涤烧杯和玻璃棒 2~3 次，把洗涤后的水也加入容量瓶中，振荡；向容量瓶中加蒸馏水至离刻度线 2cm 左右，改用胶头滴管滴加至刻度线，盖上瓶塞，摇匀，贴上标签注明"0.1mol/L 氢氧化钠溶液"，放置待标定。按照附表 5-1 所示量取氢氧化钠标准溶液。

附表 5-1　量取氢氧化钠饱和溶液的体积

氢氧化钠标准溶液浓度(mol/L)	1L 溶液所需氢氧化钠质量(g)	所需饱和氢氧化钠溶液体积(mL)
0.05	2.0	2.7
0.1	4.0	5.4
0.2	8.0	10.9
0.5	20.0	27.2
1.0	40.0	54.5

(2) 标定 0.1mol/L 的 NaOH 标准溶液

称取已于 105℃烘干至恒重的邻苯二甲酸氢钾 0.5g±0.02g，称准至 0.0001g，放入 250mL 锥形瓶中，加入约 50mL 蒸馏水使其溶解，加酚酞指示液 2 滴，用待标定的 NaOH 标准溶液滴定至溶液变为浅红色(保持 30s 不褪色)为终点，记录滴定消耗的 NaOH 标准溶液的体积。平行测定 3 次，根据消耗 NaOH 溶液的体积，计算滴定液 NaOH 的浓度和相对平均偏差(附表 5-2)。

附表 5-2　标定所需邻苯二甲酸氢钾质量

氢氧化钠标准溶液浓度(mol/L)	0.05	0.1	0.2	0.5	1.0
邻苯二甲酸氢钾质量(g)	0.47±0.005	0.95±0.05	1.9±0.05	4.75±0.05	9.00±0.05

(3) 计算

按下式计算 NaOH 滴定液的浓度：

$$c_{(NaOH)} = \frac{m_{(KHC_8H_4O_4)}}{V_{(NaOH)} M_{(KHC_8H_4O_4)}} \times 10^3$$

式中，$c_{(NaOH)}$ 为 NaOH 标准溶液的浓度(mol/L)；$m_{(KHC_8H_4O_4)}$ 为 $KHC_8H_4O_4$ 的质量(g)；$V_{(NaOH)}$ 为滴定消耗 NaOH 标准溶液的体积(mL)；$M_{(KHC_8H_4O_4)}$ 为 $KHC_8H_4O_4$ 的摩尔质量(204.2g/mol)。

2. 盐酸标准溶液的配制与标定

(1) 盐酸标准溶液的配置

各浓度盐酸标准溶液的配置见附表 5-3，量取盐酸转移入 1000mL 容量瓶中，用水稀释至刻度，混匀，贮存于密封玻璃瓶内。

附表 5-3　量取盐酸体积

盐酸标准溶液浓度(mol/L)	0.05	0.1	0.2	0.5	1.0
配制 1L 盐酸溶液所需盐酸体积(mL)	4.2	8.3	16.6	41.5	83.0

（2）标定

准确称取已于270~300℃灼烧至质量恒定的基准无水碳酸钠，精确至0.0001g，加50mL水溶解，再加2滴甲基红指示液，用配制好的盐酸溶液滴至红色刚出现，小心煮沸溶液至红色褪去，冷却至室温，继续滴定、煮沸、冷却，直至刚出现的微红色再加热时不褪色为止（附表5-4）。

附录5-4　标定所需无水碳酸钠质量

盐酸标准溶液浓度（mol/L）	0.05	0.1	0.2	0.5	1.0
无水碳酸钠质量（g）	0.11±0.001	0.22±0.01	0.44±0.01	1.10±0.01	2.20±0.01

（3）计算

盐酸标准溶液的浓度$c(HCl)$按下式计算：

$$c(HCl) = \frac{m}{0.05299 \times V}$$

式中，$c(HCl)$为盐酸标准溶液的摩尔浓度（mol/L）；m为称取无水碳酸钠的质量（g）；V为滴定用去盐酸溶液实际体积（mL）；0.05299为与1.00mL盐酸标准溶液[$c(HCl)=1.000$mol/L]相当的以克表示的无水碳酸钠的质量。

3. 硫酸标准溶液的配制与标定

（1）各浓度硫酸标准滴定溶液的配制

按附表5-5所列，量取硫酸慢慢注入600mL烧杯内的400mL水中，混匀。冷却后转移入1L量瓶中，用水稀释至刻度，混匀。贮存于密闭的玻璃容器内。

附表5-5　量取硫酸体积

硫酸标准溶液浓度（mol/L）	0.05	0.1	0.2	0.5	1.0
配制1L硫酸溶液所需盐酸体积（mL）	1.5	3.0	6.0	15.0	30.0

（2）标定

按附表5-6所列，准确称量已在270~300℃干燥过4h的基准无水碳酸钠，精确至0.0001g，分别置于250mL锥形瓶中，各加入蒸馏水50mL使其溶解，再加2滴甲基红指示液，用硫酸溶液滴定至红色刚出现，小心煮沸溶液至红色褪去，冷却至室温。继续滴定、煮沸、冷却，直至刚出现的微红色在继续加热时不褪色为止。

附表5-6　标定所需无水碳酸钠质量

硫酸标准溶液浓度（mol/L）	0.05	0.1	0.2	0.5	1.0
无水碳酸钠质量（g）	0.11±0.001	0.22±0.01	0.44±0.01	1.10±0.01	2.20±0.01

（3）计算

硫酸标准滴定溶液浓度按下式计算：

$$c(H_2SO_4) = \frac{m}{0.10599 \times V}$$

式中，$c(H_2SO_4)$为硫酸标准溶液的摩尔浓度（mol/L）；m为称取无水碳酸钠的质量(g)；V 为滴定用去硫酸溶液实际体积(mL)；0.10599 为与 1.00mL 硫酸标准溶液 [c(H_2SO_4)=1.000mol/L] 相当的以克表示的无水碳酸钠的质量。

附录6　常用仪器及型号

测定指标	仪　器	型　号	厂　家
太阳总辐射	总辐射表	MS80/802/60/40	北京旗云创科科技有限责任公司
太阳直接辐射	直接辐射表	TBS-2L	东成基业
太阳净辐射	净辐射表	TBB-1L	东成基业
光照强度	照度计	MAVOLUX5032B/C BASE	德国 Gossen
大气降水	自计雨量计	HOBO-RG3-M	美国 Onset
土壤温度	干湿球温度表、地面温度表、直管地温表	—	—
土壤pH值	pH 酸度计	PHS-3C/PHS-4C	德立斯曼仪器仪表有限公司
植物光饱和点、补偿点	便携式光呼吸测定系统	LI-6400XT	LI-COR Biosciences
土壤总有机碳	分光光度计	Multiskan SkyHigh	Thermo Fisher Scientific
土壤总有机氮	半微量定氮蒸馏装置	DN8000A	华诺电子科技有限公司
土壤氮矿化速率	分光光度计、恒温水浴振荡器、离心机	Multiskan SkyHigh、JC-GGC-12W/12H/12S、Multifuge X1/X4F Pro	Thermo Fisher Scientific、聚创环保集团有限公司、Thermo Fisher Scientific
土壤 N_2O 速率	静态箱-气相色谱仪	GC-7900	Thermo Fisher Scientific
土壤 CO_2 排放速率	土壤 CO_2 流量测量系统	LI-8100A	LI-COR Biosciences
土壤 CH_4 排放速率	静态箱-气相色谱仪	Agilent 6890D	Agilent Technologies, Inc.